U0322518

CONTENTS
目录

从马斯河谷到碳中和

讲给孩子的
环保课

郭怡 著

中国大百科全书出版社

图书在版编目（CIP）数据

从马斯河谷到碳中和 ：讲给孩子的环保课 / 郭怡著
. — 北京 ：中国大百科全书出版社，2023.6
ISBN 978-7-5202-1291-5

Ⅰ．①从… Ⅱ．①郭… Ⅲ．①环境保护—青少年读物
Ⅳ．①X-49

中国国家版本馆CIP数据核字(2023)第027618号

从马斯河谷到碳中和：讲给孩子的环保课

出 版 人	刘祚臣
责任编辑	赵 鑫
特约编审	朱菱艳
插图绘制	北京心合文化有限公司
排版制作	张倩倩
封面设计	嫁衣工舍
责任印制	邹景峰

出版发行　中国大百科全书出版社有限公司
　　　　　（北京市阜成门北大街17号　邮编：100037　电话：010-88390276）
印　　刷　小森印刷（北京）有限公司
开　　本　880毫米×1230毫米　1/32　　印　　张　5.5
版　　次　2023年6月第1版　　　　　　　印　　次　2023年6月第1次印刷
字　　数　100千　　　　　　　　　　　　书　　号　ISBN 978-7-5202-1291-5
定　　价　29.80元

八大公害事件

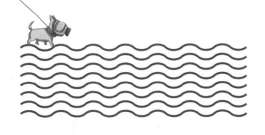

马斯河谷烟雾事件和多诺拉烟雾事件

能杀人的烟雾

马斯河是欧洲一条源自法国、途径比利时、流向荷兰的大河。在它的比利时段沿岸有一个叫列日的镇子，是那时欧洲大陆上重工业最为发达的几个地区之一。自工业革命以来，钢铁厂、锌冶炼厂、玻璃厂、化肥厂、炸药厂等如雨后春笋般在这个地区冒了出来，13个高耸林立的烟囱成为小镇繁荣的象征。与丰厚的收入相比，烟囱中冒出的那些刺鼻的灰黑色烟雾似乎不是什么大问题。

1930年12月1日起，一场数日不散的大雾笼罩了比利时全境。在马斯河谷，这场雾成了灾难的帷幕。工厂的烟囱中不停歇地冒出浓烟，与浓雾融为一体，包围了长达24千米的河谷。从12月3日起，当地医院、诊所陆续收治因鼻、口、喉咙、气管和支气管疼痛而前来就诊的市民，到12月6

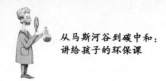

日浓雾散去时，共有60余人被这场大雾夺去性命，一些本就患有哮喘或肺病的老人，即使躲在家中也未能幸免。尸体解剖结果显示，所有死者均死于呼吸系统损害。这便是20世纪记录的第一起环境灾害事件：马斯河谷烟雾事件。

无独有偶，18年后的美国，类似的事情又发生了。

这一次，事情发生在宾夕法尼亚州一个名为多诺拉的小

被烟雾笼罩的马斯河谷

镇。与列日镇相似，多诺拉镇位处河谷附近，其中建有一座锌冶炼厂和一座钢铁厂。1948年10月26日，雾气开始在多诺拉镇聚集。第二天起，镇中的人开始咳嗽、喉咙刺痛，但工厂仍然在照常运作，浓烟源源不断地向空中排放。之后的3天内，雾气逐渐变成黄色且浓稠的"盖子"，病人接二连三地被送往医院，在这个总人数约14000人的小镇中，近半数的人都受到了病痛的侵袭。到10月31日，一场大雨浇散了雾气，事件才宣告终结。在这5天之内，约有20人因此丧生，多诺拉这个并不怎么有名的小镇也因为"多诺拉烟雾事件"被载入史册。而事件的始作俑者美国钢铁公司，在大雨过后的清晨就立即恢复生产，并将此次事件称为一次"天灾"。

烟雾从何而来

从事后调查的结果来看，马斯河谷和多诺拉的两次烟雾事件相似点很多，两个事件都是工业排放、地形和天气条件共同作用的结果。事实上，从1930年起直至今天，空气污染事件的成因也基本逃不出工业排放、地形和天气条件三个因素。

从专家对马斯河谷烟雾事件成因的推断和多诺拉烟雾事件的调查结果来看，两个事件中的主要污染物都是二氧化硫。

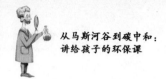

从马斯河谷到碳中和：
讲给孩子的环保课

在那时，低硫煤的概念还没诞生，二氧化硫的主要来源是煤炭燃烧，辅以硫酸工业的溶液蒸发。两个事件中，空气中除了高浓度的二氧化硫，还存在着重金属细微颗粒，重金属作为催化剂，会促进二氧化硫向三氧化硫转化。二氧化硫和三氧化硫溶于水，分别会变成亚硫酸和硫酸，二者都是具有一定腐蚀性的酸性物质。除了硫的氧化物之外，当时的空气中还存在氮氧化物和氟化氢，两者都是弱酸性气体，氟化氢还

科学家对烟雾的成分进行分析和研究

12

有极强的腐蚀性。这些气体被人们吸入呼吸道后产生的作用类似于往气管里灌酸液。

工业排放所造成的空气污染虽然非常严重，但当时工业的总体分布还是比较分散的，平时排放的酸性废气在大气扩散作用下很快就被吹散，其浓度不至于高到对成百上千人造成急性损伤。而造成这种4～5天有数十人死亡的事件，地形和气候因素也"功不可没"，用这几年天气预报的表述就是"气候条件不利于大气污染物的扩散"。

有利于大气污染物扩散的条件是什么样的呢？简言之即大气流动。民间戏称大气污染治理主要靠"吹"，实际上是指大气的水平流动，也就是风。风的作用在这两次事件中几乎都不存在。比如马斯河谷烟雾事件的气象记录显示，那段时间只有风速为1～3千米/小时的缓慢东风存在，这些微风将污染物带入地形狭长且低洼的峡谷之中，就再也"吹"不动了。但很多时候，即便没有风，也不会产生这么严重的污染事件，因为大气还会垂直流动。这种垂直流动会将污染物从地表托升至高空，离开人能呼吸到的范围，大气环流也会随着高度的升高而加强。简而言之，就是高处风大，垂直流动的过程容易将污染物从污染源带走。然而不幸的是，在这两个事件中，大气的垂直运动也停止了，其原因是发生了逆温。

逆温

通常对流层空气的温度随海拔升高而降低，暖空气比冷空气轻，低处的暖空气便会不断上升，从而形成大气的垂直运动。逆温则是在一定范围内高处的空气温度比低处的高或降温率很小，导致空气没有垂直活动的现象。逆温层的高度可以从几十米到几百米不等，它会像罩子一样，将逆温层以下的大气污染物全部罩在所及范围之内，导致污染物无法扩散。

逆温层出现的原因很多，其中一种叫地形逆温，在马斯河谷和多诺拉这种低洼河谷，容易发生这种逆温。地形逆温常发生在山谷，由于山坡上的空气散热比山谷中的快，山坡上的冷空气会沿着坡面沉入谷底，致使谷底的热空气被迅速抬升，造成逆温。从这方面来看，美国钢铁公司将多诺拉烟雾事件称为天灾也有一些道理。但若没有它们向大气中大量排放二氧化硫等污染物，仅因逆温造成大气对流的减弱或停止，是不会引发"多诺拉烟雾事件"的。美国钢铁公司仅强调客观条件而对自身污染闭口不谈，显然是一种狡辩。

在农耕时代，逆温给人类带来很多益处。逆温往往会带来冬暖夏凉的气候与和风细雨的农作物生长环境，因此逆温

正常情况：低处的暖空气不断上升，形成大气的垂直运动。

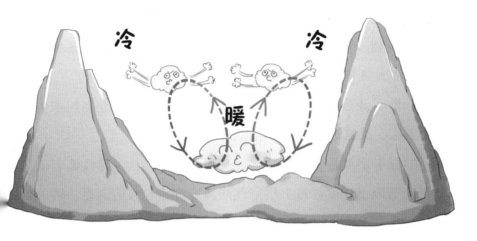

逆温情况：低处的空气比高处的冷，大气在垂直方向保持稳定。

地形逆温示意图

多发的地区更适合人群居住和农业生产，这就导致这些地方人口相对较多。工业革命以后，工业发展需要大量的劳动力，工厂也就多建于这些地方，污染的排放和不利的扩散条件造成这些地区早期污染事故频发。

除了地形逆温，还有三种常见的逆温类型，分别叫作辐射逆温、平流逆温和锋面逆温。

辐射逆温是夜间低层空气从地面吸收能量，导致地表低层空气降温速度超过上层空气降温速度而导致的逆温。辐射逆温多发于后半夜，尤其是在黎明前。

平流逆温是暖空气水平移动到冰冷的地面、水面等下垫面之上时，向下垫面迅速散热而降温导致的逆温，这种逆温多发生在天气寒冷的冬季。冬天更容易产生雾霾，就是受到了平流逆温的影响。

锋面逆温是暖气流在对流时恰巧移动到了冷气流上面而导致的逆温。与其他几种逆温相比，锋面逆温的发生就比较随机了。

除了这四个自然原因之外，逆温还会因为人类活动而产生。这种逆温主要由城市热岛效应导致，有时又称城市逆温。

了解了逆温之后，我们再来分析 1930 年和 1948 年的两个事件。同样是工业污染与逆温共同作用而引发的严重事故，

1930 年的马斯河谷烟雾事件发生时，工厂没有停产，事后也没有哪个工业巨头为此付出代价。1948 年的多诺拉烟雾事件中，工厂迫于压力停产或至少假装停产了一天，事后也支付了一笔数额聊胜于无的赔偿金。这说明人们已经意识到大气污染与工业活动密不可分，对于经济活动与自然的认识在不断深化，但这还远远不够。1948 年距离世界上第一部空气污染防治法案的诞生尚有 8 年的时间。这 8 年之中，人类付出了更为惨重的代价，才充分意识到蓝天的宝贵。

洛杉矶光化学烟雾事件

电影之城的困扰

在多诺拉烟雾事件爆发的同一时期，远在 3000 多千米外的另一个城市也在饱受空气污染之苦，那就是大名鼎鼎的洛杉矶。

洛杉矶位于美国加利福尼亚州，三面环山，一面临海，光照充足，气候温和，自然风景优美，地形多变。因为这些优越的地理条件，自 20 世纪初期以来，洛杉矶就是非常有名的电影取景地，大家耳熟能详的好莱坞就在洛杉矶。自 1911 年以来，许多电影公司落户在好莱坞，让此地逐渐成为美国电影业的重心所在。

在电影行业入驻大约 10 年后，也就是 1920 年前后，人们在洛杉矶发现了石油。以此为契机，化工、海运、汽车、国际贸易等多项产业在洛杉矶扎根，并迅速繁荣发展。第二

镜头下的洛杉矶

次世界大战开始之后，军工业也加入到了洛杉矶产业的"豪华午餐阵容"之中。到 1940 年，洛杉矶已经成为一座拥有百万人口和约 250 万辆汽车的超大型城市。

差不多也就在这个时候，好莱坞的摄影师发现了一件怪事：镜头下的洛杉矶蒙上了一层淡蓝色的烟雾。起初他们以为这是胶片的问题，但不论怎么更换新的胶片，烟雾始终存在，最后他们不得不承认这样一个事实：这片烟雾是在现实中存在的，它笼罩在洛杉矶上空。

烟雾很快就成了洛杉矶的"常客"，以至于 1943 年 7 月

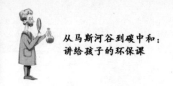
底，一次突然出现的浓厚烟雾让居民们以为自己受到了日本化
学武器的攻击，上千人咳嗽、流鼻涕、打喷嚏、眼睛痛。之后
的 10 多年中，雾气时聚时散，聚多散少，到 20 世纪 50 年代
中期，每年有数百个六十岁以上的老人死于呼吸系统衰竭。松
林和柑橘也大批量地枯死，严重威胁到了当地的农业和生态。

这时你可能会产生一个疑问——有了马斯河谷的前车之
鉴和同一时间段发生的多诺拉烟雾事件，为何当时的美国政
府没有采取任何措施，而是任由烟雾在洛杉矶这样先进的大
城市肆虐 10 多年？

事实上，美国政府自 1943 年以来就一直在进行污染治
理，但效果并不明显，因为当时的政府和研究人员还在努力
寻找洛杉矶烟雾的成因。

他们首先意识到的是地形条件的问题。洛杉矶地处海边
低洼谷底，这里又是一个逆温多发的地形，且因为临海，平
流逆温更为严重。有这样一种说法：洛杉矶一年 365 天里有
200 天都出现逆温现象，这是形成烟雾的自然因素，而与逆
温共同作用的人为因素又是什么呢？

研究人员参考马斯河谷和多诺拉的两起事件，又将矛头
转向了工业废气。但与另外两个地方不同，洛杉矶是以石油
工业发家致富的，城市中燃煤并不多，烟雾中的主要污染物

也不是二氧化硫。也幸亏不是二氧化硫，不然在洛杉矶这样人口密集的城市发生二氧化硫烟雾惨案，死亡人数一定触目惊心。排除燃煤和二氧化硫污染的原因之后，本地的丁二烯工厂成为被怀疑对象并被勒令关停，随后城市中的焚烧炉也被限制使用。但这些措施都没有起到任何效果，发生烟雾的天数仍一路走高。在 20 世纪 40 年代，没有人知道这片淡蓝色的烟雾从何而来。

光化学烟雾

直到 1948 年这件事才有了转机。荷兰科学家阿里·简·

"空气污染控制之父"阿里·简·哈根－施密特

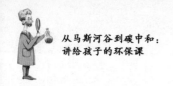
哈根－施密特从洛杉矶的烟雾中识别出臭氧，为大家提供了新思路。他与另一位科学家阿诺德·贝克曼一起深入研究，终于又从空气中识别出汽车尾气中的二氧化氮和碳氢化合物，并在实验室中模拟出蓝色烟雾。直到20世纪50年代，他们终于探明了洛杉矶烟雾的成因，并将一种新形式的大气污染介绍给了全世界：光化学烟雾。阿里·简·哈根－施密特因此被后人称为"空气污染控制之父"。

光化学烟雾的主要污染物来自石油化工产品的燃烧和蒸发，在洛杉矶光化学烟雾事件中扮演主要角色的就是那250万辆汽车所排放的尾气。此外，当地石油化工企业中的原料及产品的蒸发也"贡献"了一些排放。汽车尾气中含有大量二氧化氮、一氧化碳、碳氢化合物和重金属等，重金属在光的催化作用下和空气中的氧发生一系列化学反应，产生过氧乙酰硝酸酯（一种刺激性气体，有催泪作用）等污染物。这种由直接排放的污染物在环境中发生化学反应所形成的新污染物，称为二次污染物。因为这种属性，二次污染物的高峰一般出现在一次污染的两三个小时之后。但由于二次污染物是光化学反应的产物，其化学性质一般不是特别稳定，随着一次污染物的减少或光照的减弱，二次污染物就会逐渐消失。

洛杉矶的光化学烟雾，以及现在许多城市在夏季相对较强的自然条件加持下高发的臭氧污染，都是二次污染物与一次污染物共同作用的结果。根据上述特征，我们可以简单总结出光化学烟雾出现的规律：在一个有逆温的日子里，早上车辆出行的高峰期，二氧化氮、一氧化碳、碳氢化合物等一次污染物开始积累，并在逐渐升高的温度和充足的光照之下开始进行光化学反应，大约在2～3个小时之后，二次污染物

光化学烟雾形成示意图

23

的浓度达到峰值，形成肉眼可见的烟雾，也就是光化学烟雾。到傍晚时，随着光线逐渐减弱，光化学烟雾也会缓慢消失。

空气污染的衍化

在发现了污染元凶之后，洛杉矶踏上了漫长的治理之路。1960 年，加利福尼亚州成立了机动车污染控制中心，第一次提出了机动车尾气治理和汽油油品控制的概念和标准。尽管如此，洛杉矶的空气质量直至 1979 年都没有得到改善。后来，加利福尼亚州发布了美国全境最严格的强制性空气改善计划，到半个世纪后的 2000 年前后，洛杉矶的空气质量终于有了显著提升。2004 年，洛杉矶因空气污染而发布的健康警告天数仅为 4 天。时至今日，加利福尼亚州的机动车污染控制仍然走在世界前列，包括中国在内的许多国家和地区，在制定与汽车、汽油、加油站有关的环保标准时，都会参考加利福尼亚州的标准。但可惜的是，由于地形条件和传统产业的问题，加利福尼亚州仍然是美国大气污染最为严重的一个州。

虽然多诺拉烟雾事件和洛杉矶光化学烟雾事件基本发生在同一时期，但其实洛杉矶的烟雾发生得更早一些。世界上许多国家的大气污染物的类型都是从多诺拉烟雾转变为洛杉矶烟雾的。在经济发展初期，大多数国家的大气污染物都以二氧化硫为主，来自燃煤的污染又称煤烟型污染。这种烟雾在冬季和夜晚多发，一是因为冬季居民取暖用煤增多，二是因为冬季夜晚辐射逆温多发。当经济发展到一定程度，燃煤逐渐减少，煤的质量不断提高，传统工业逐渐退出，汽车等燃油交通工具及石油化工企业的数量却呈爆发式增长，光化学烟雾问题便日渐突显。

　　光化学烟雾多发于夏季和秋季等光照充足的季节，从车流量多的早高峰开始，到光照减弱的傍晚结束。为了减少汽车尾气的污染，现在的燃油车辆都加装了尾气催化处理装置，降低了污染物排放的浓度，但由于机动车总数一直在增加，汽车尾气仍然是大气污染的一个重要来源。此外，随着石油化工产业的飞速发展，新型污染物不断出现，光化学烟雾也在逐渐"进化"。时至今日，科学家们与大气污染之间的博弈仍和施密特的时代一样激烈。

伦敦烟雾事件

雾都惨剧

伦敦素来有"雾都"之称，其起源最早可以追溯到12世纪。许多英国的文学家都喜欢伦敦的雾气，在他们笔下，雾气成了绝佳的恐怖和悬疑气氛营造者，但现实生活往往比文学作品更加残酷。在1952年的冬天，雾气化身为杀手，在几天之内夺取了4000多人的性命。

自第一次工业革命以来，伦敦一直是先进和发达的城市。20世纪中叶，第二次工业革命尚在酝酿之中，这一时期的伦敦烟囱林立，不论是工业生产还是民间取暖都在大量消耗着煤炭，这使得雾都的雾渐渐发生改变。它们变得愈发浓稠，带着发黄或发黑的颜色，不知何时开始被人称为"豌豆汤雾"。

但1952年12月5日开始的那场大雾，让习惯了雾天的伦敦人也感到吃惊。人们首先感受到的是能见度下降：能见度只有几米，出门仿佛失明一般。汽车纷纷在白天打开照明灯，轮船、火车和飞机则干脆停驶；随后，人们开始咳嗽，不断有病人被紧急送入医院；4 天之后，这次烟雾事件打破了以往的纪录，成为伦敦持续时间最长的一次烟雾事件。12 月 9 日，不见天日的日子终于结束，而截止到当时，已有 4000 多人直接死于这场烟雾，其中老人、小孩和呼吸系统疾病患者居多。

烟雾中的伦敦

1952 年 12 月 5 日至 12 月 9 日的烟雾在大气污染的历史中留下了最为惨痛的一页，超过 10000 人爆发呼吸系统疾病，且在之后的两个月里，患者死亡率仍然很高。虽然有研究声称这是因为当年的流感来势汹汹，但多数民众对这个结论并不认可。这次烟雾事件被称为伦敦烟雾事件，成为人们谈到空气污染或雾霾时首先会想到的事件之一。自此之后，煤炭燃烧为主要污染源、二氧化硫为主要污染物的烟雾也常被称为"伦敦型烟雾"。国际媒体在报道 2013 年前后的北京冬季雾霾时，也常用"伦敦型烟雾"这个词。

世界上第一部环保法案

伦敦烟雾事件的成因、主要污染物和危害都与马斯河谷烟雾事件及多诺拉烟雾事件相似，唯一的区别在于它发生在伦敦这个世界上首屈一指的大都市，其人口密度是马斯河谷和多诺拉的几倍甚至几十倍。此时，那些没有关注或假装没有关注过大气污染所带来的恶劣后果的人们终于不再移开目光，在民众的压力之下，英国政府开始出钱、出力，改造居民们使用的燃煤锅炉，以减少二氧化硫的排放，并着手制定相关的法律。1956 年，第一部现代空气污染防治法《清洁空气法案》诞生，比现在影响力更大的美国《清洁空气法案》早了14年。这部法案的诞生意味着环境保护不再是公共安全和健康的附属品，而成为一个被独立研究的课题。

作为一部环保法，最早的《清洁空气法案》还是比较温和的，主要关注点是在城中设立"无烟区"，对民用炉具进行改造，用电力、天然气等无烟燃料代替煤炭进行供暖，与我们现在在平原地区推行的取暖锅炉"煤改气""煤改电"路径相似。1968年，第二部《清洁空气法案》颁布，将管理之"手"伸向了工业企业，对排污烟囱的高度提出要求。此后的污染控制法案中，均将工业企业作为主要的管控对象。

"治理"与"转移"

经过近30年的治理，到20世纪80年代，伦敦人民与工业大气污染的这场战斗终于告一段落，伦敦浓雾天气的天数大幅下降到每年10天以内。但此时，机动车排放导致的光化学烟雾污染逐渐取代工业燃煤产生的污染，成为伦敦的第一大污染。

另一方面，针对二氧化硫等燃煤空气污染的"战斗"也并没有完全结束，只是换了"战场"。由于英国、美国相继出

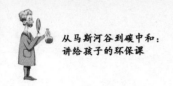
台高压政策，不断挤压重型工业的生存空间，许多本土重工业不得不向海外寻求发展，这导致污染严重的工业生产中心迅速向人力和环境成本都更低的亚洲地区转移。从全球范围来看，一部分污染物虽因法律法规的健全而受到了控制，还有一部分污染物则是随工业被"转移"了。

发达国家的法律法规相对更严格，污染严重的工业企业就会向相对宽松的发展中国家转移，例如许多欧美国家的制造业已经纷纷迁出本土，转向越南、菲律宾等国家。此外，发展中国家的低生产成本常以资源消耗和环境污染为代价，而且污染排放缺少节制，发展中国家自身也需要发展，这反而导致全球范围内工业污染的排放总量不降反升。

而接纳发达国家重工业的国家和地区，必然会面临更加严峻的污染形势。从历史来看，"接盘侠"就包括远在亚洲的日本。当时的日本正大力发展工业，是亚洲数一数二的技术强国，而第二次世界大战后被美国军队入驻，新技术和新产业也从美国流入，后来迅速攀升为世界第二大经济体。以此为开端，日本和亚洲接替欧美，成为环境污染与治理的"主战场"。

四日市哮喘事件

"黑色黄金"带来的阴霾

四日市是日本伊势港口边的一个小城镇，约有 25 万人，其中大部分是纺织工人，还有一些"靠海吃海"的渔民。总体来说，这里是一个安静且与世无争的小地方。

第二次世界大战后，日本原有经济体系崩溃，且燃煤导致的烟尘污染日益严重。为了改善经济状况，日本政府决定将国内的主要燃料从煤炭转变成石油，这也间接打破了四日市的宁静。由于交通方便又有基础设施，1955 年前后，包括炼油厂、石油化工企业和发电厂在内的一批工业联合体在四日市旧海军燃料厂旧址建成，这是日本第一家石油化工联合企业。此后的十年中，石油化工联合企业成了日本政府主要扶持的对象，又有两批联合企业相继在四日市"上马"。这样一来，四日市成了日本石油工业的领头羊，也成了日本基础

能源从煤炭向石油转换最快的城镇。

但四日市燃烧的石油和我们现在用作燃料的石油有很大的不同。那时四日市还承担着石油港口的功能，源源不断地接受着来自中亚和中东的原油，这些原油是日本"抛弃"煤炭之后的主要能源燃料。虽然原油燃烧几乎不产生烟尘，但其中的硫化物含量却高达 2%～3%。

硫化物燃烧产生大量二氧化硫，二氧化硫聚积在空气中形成酸性雾气。英国气象局曾统计这样一组数据：伦敦烟雾事件的那几天，伦敦地区二氧化硫的日排放量为 370 吨，粉尘的日排放量为 1000 吨，合计 1370 吨。而四日市在 1961 年的年粉尘加二氧化硫排放量是 130 万吨，平均每天要排放 3560 吨以上，是伦敦排放量的两倍多。这导致四日市上空的污染物堆积高达 500 米，达到烟囱都无法"突破"的高度。

这样高浓度、无间断的污染让四日市成了呼吸系统疾病的高发区，哮喘的患病率高达 0.3%，病患死亡率几乎是其他地区的 20 倍。尤其引人注意的是，哮喘在年轻人中发病率升高，当时一所小学中一次诊断出 50 多名学生哮喘患者，这让人们非常恐慌。一些年轻人为避免患哮喘离开了已是工业城市的四日市，但许多老年人仍然选择留在故土，人们发现哮喘初期患者在离开污染地区后症状便有好转。

走上法庭——漫长艰苦的环境诉讼

尽管四日市已经为高硫重油的燃烧敲响了警钟，但日本政府却没有采取足够的措施。到 20 世纪 70 年代，这种燃料仍然在全日本推广，导致大气污染迅速蔓延至各大工业城市，横滨、名古屋等地区都出现了哮喘高发的情况。由于这种因空气污染引发的、有着显著地域性的哮喘首先出现在四日市，这种病就被人们称为"四日市哮喘"。后来，"四日市哮喘"的含义又有延伸，代指由过快城市化导致环境污染而引发的哮喘。

再回到四日市，除了人尽皆知的大气污染之外，石化工厂还在无节制地排放着污水和废物。伊势港附近的海域受到严重污染，捕上来的鱼都带着化学品的味道，这让当地历史悠久的捕鱼业彻底消亡；24 小时不停工的工厂设施也成了轰鸣不止的噪声来源。多种长达 10 余年的严重污染和健康侵害终于让四日市居民忍无可忍。1967 年，9 名受害者将四日市地区的 6 家污染企业告上法庭。

在四日市哮喘这场诉讼案之前以及在案件审理过程中，还发生过多起水俣病和痛痛病的诉讼案，但都没有四日市哮喘案审理的时间长。这是因为四日市哮喘案有两个难点：一

在日本四日市，工厂排放的废水直接排入环境中，给当地的捕鱼业造成重创。

是，四日市的主要污染物为大气污染物，大气的特性是"飘来飘去"，取证难度非常高。并且，按照传统的司法要求，应该由原告提供证据，证明污染企业和公害病之间存在因果关系，而四日市哮喘案的原告多是渔民和普通工人，他们无法找出连政府和学者们都还未研究出的明确证据。二是，不同于以往被告只有一家或两家违规企业的案件，四日市哮喘案的被告是 6 家企业。且这 6 家企业任何一家单独排放的污染物都不违反当时的法律规定，也不会造成什么健康问题，但 6 家合在一起，就成了整个四日市的噩梦，这给定罪增添了许多难度。同时，这是全日本，乃至全世界第一起联合环境行为造成的侵害案件，这一案件的结果，不论谁胜谁负，都会极大地影响今后类似案件的判决。

经过漫长和艰苦卓绝的斗争，这个案子以受害者胜诉告终。1972 年 7 月，经过 5 年的拉锯，法院终于判决居民胜诉，6 家企业赔偿 9 位原告共计约 8800 万日元，在当时约合24.4 万美元。在多诺拉烟雾事件中，多诺拉的居民也对美国钢铁公司提出过诉讼，但那一次美国钢铁公司并没有认罪，只是支付了 23.5 万美元的赔偿金，平均分给 80 名受害者，且诉讼的费用，包括举证的费用，全部由受害人承担，两两相抵，最后留在受害者手中的钱也就所剩无几了。从本案的

判决结果以及赔偿可以看出，这 20 年里，社会对于环境污染类案件的认识和重视程度都在逐步提高。

四日市哮喘案因为其"第一起针对共同不法行为的诉讼"这一特点，成为环境诉讼研究中的经典案例。与此同时，1969 年还发生了水俣病诉讼案，1971 年发生了痛痛病诉讼案。接二连三的公害类诉讼案引起了日本政府对此类案件的重视，着手制定了《公害事件补偿法》等法律规定。更进一步的是，1975 年，公害病的受害者将日本政府也告上了法庭，要求追究政府在公害类事件中"判断错误"和"不作为"的责任。这场民告官的官司足足打了 20 年，受害者终于在 1995 年与日本政府达成了和解，代价是日本政府向 1959 年以来的公害病患者支付总额高达数百亿日元的赔偿金。

与时俱进的环境诉讼

今天，距离四日市哮喘案已经过去 50 余年，环境诉讼案件的困境也在逐步改善：现在的环境诉讼适用"举证倒置"原则，即将通常情形下本应由提出主张的一方当事人（一般指原告）负担的举证责任，变成由他方当事人（一般指被告）就某种事实的存在或不存在举证。简单来说，就是现在的环境污染受害人只需证明污染方在产生污染和自身权利受到伤害即可，需要污染方去证明"产生污染"和"受到伤害"无关，否则就认定受害人的主张成立。

除了由受害人直接提起的诉讼，各类环保组织、协会和检察机关也越来越多地提起环境污染的公益诉讼。这类诉讼主要适用于没有直接的特定受害人，但污染事件损害了公共社会利益的情况。这类诉讼多会本着"谁污染，谁治理"的原则，要求污染企业承担治理及修复的责任，赔偿相关的费用，赔偿费可能高达几千万甚至上亿元。有了这一机制，企业环境违法的成本就被大大提高了。

从举证责任倒置到公益诉讼，环境诉讼正在变得越来越容易。相信以法律为武器，人们能够更好地行使监管权，保护自身的利益。

水俣病事件

猫跳舞病

不知火是日本传说中的一种妖怪，指在夜晚的海湾中突然升腾而起的无根之火。在九州和天草诸岛之间有一片内海，因为常常出现不知火而被称为不知火海。包围着这片海域的海湾叫作水俣湾，傍海而生的人们所居住的地方就叫水俣镇，而水俣镇的猫，则是当地海洋污染事件的"报警者"。

不知何时起，水俣镇的猫开始患上一种怪病。它们浑身抽搐，步伐不稳，怪叫不断，最后好像被不知火诱惑一般投海自尽。当地人把这种病称为"猫跳舞病"。这种症状在20世纪50年代急速蔓延，甚至使附近几个镇的猫绝迹，但在当时并未引起足够的重视。

1956年4月，水俣湾的智索公司附属医院接诊了一位5岁的小女孩，她似乎忽然得了小儿麻痹症或佝偻病，肌肉抽

水俣镇上得了怪病而"跳海"的猫

撂，行走困难，语不成句。紧接着，她的妹妹和邻居家的小孩也出现了同样的症状。医生们立刻警觉起来，对小女孩家周围进行了挨家挨户的排查，结果又发现了 8 名症状类似的患者，并且不都是儿童。这看起来像是传染病大爆发的前兆，患者们被迅速隔离起来，但这并没有阻止病症的蔓延。

后来，研究证明这种怪病没有传染性，但却有显著的地域性。在水俣湾地区不断地发现着新病例，因此这种怪病被

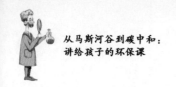
称为"水俣病"。医生们发现，水俣病和猫跳舞病似乎有着相似之处。与此同时，其他动物也相继病死，乌鸦和海鸥会飞着飞着忽然掉下来死去，不知火海的海面上不断浮出翻着肚皮的死鱼。许多现象都表明，出问题的是水俣湾这个地方。

为了研究这里到底出了什么问题，1956 年 8 月，熊本大学建立了专门的研究团队，从智索公司附属医院及当地政府手中接手了怪病的研究。差不多是同一时间段，水俣病也逐渐显露出它"尖利的獠牙"，患者不断增加，症状也变得空前可怕。病人们动作失调，手脚僵硬麻木，肌肉萎缩，失明失聪……这种病不光攻击人的身体，还攻击人的神经系统，许多重症病人像"跳舞猫"一样变得疯疯癫癫，最后在疯狂中死去。而这一切都发生在几周之内。

更令人恐惧的是，这种病似乎具有遗传性，患者生出的孩子经常手脚佝偻，神志混乱，甚至一些健康的人生出的婴儿也有类似的症状。

又过了几个月，研究团队发现不论人类患者还是动物患者，都经常以从水俣湾捕到的鱼类、贝类为食，这将他们引至了"食物中毒"的新方向，而这一次，他们找对了方向。1956 年 11 月，研究者们确认了某种重金属食物中毒是水俣病的病因。

当重金属中毒这一概念被提出后，智索公司首先受到了怀疑。它和四日市哮喘事件中的几家企业一样，也是第二次世界大战后飞速发展的日本化工企业之一，其早期主要产品是化肥，在1950年前后开始涉足其他化工原料领域，后来成了日本最大的乙醛供应商。人们在智索公司的乙醛工厂废水中检测出了多种重金属，如铅、汞、锰、铊等。1959年，研究人员在水俣湾的鱼类、贝类和底泥中检测出高于周围环境平均浓度300多倍的汞，终于确认了汞是导致水俣病的主要原因，而对患者头发所做的检测的结果也证实了这一点。

1959年底，熊本大学公布了正式的研究结果，表明汞中毒是水俣病的元凶，而智索公司则是汞污染的元凶，它的乙醛生产线中使用硫酸汞作为催化剂，产生少量的副产物甲基汞，这些甲基汞未经任何处理，被日复一日地排放至水俣湾中。当然，和早期所有的公害事件一样，智索公司、上千名水俣病患者和他们的家人以及日本政府一起卷入了漫长的拉锯战中。患者最终胜诉的那起诉讼案发生在1969年，也就是水俣病被发现13年后，在此期间，甲基汞的排放一直没有停止。患者胜诉之后，智索公司需支付近700万美元的赔偿金，这个金额后来还在慢慢增加，但这也很难弥补它导致的损失——近3000名水俣病患者、10000多名间接受害的群众、

失去的不计其数的鱼和海鸟、再也没有往昔活力的不知火海，以及需要漫长的时间去治理的汞污染。日本政府为了消除重金属汞的危害，不仅关闭工厂，同时也采取封海策略：所有濑户内海的海产品不允许供应市场，直至40年后海产品中的重金属降至安全浓度以下才将海禁解除。

神秘的液体金属

汞在人类历史中扮演药物角色的时间很长，作为毒物的历史也不短暂。人们早在公元前1500年前就发现了这种金属，而作为唯一一种在常温常压下呈液态的金属，它承载了许多奇妙的幻想。早期的西方炼金师认为汞是一切金属的源头，汞和硫磺混合，能够制成炼金术中至高的"哲人之石"，也就是"点石成金石"或"万灵药"。据传，哲人之石是一块红色的石头。然而他们的东方同僚，也就是修仙炼丹的中国方士稍早一步发现了这一反应的真相：硫和汞在常温下便会产生反应，生成一种鲜红色的粉末，也就是硫化汞。这种粉末的天然矿物就是朱砂，是一种应用广泛的颜料和中药。当然，它只是一味普通的中药，绝对不是万灵药，更达不到包治百病、长生不老的效果。此外，中国人还发现了水银的制

取方法：加热天然朱砂矿。

汞的单质很容易挥发，这导致直接加热朱砂矿制得的汞多半都会挥发掉，转化率并不高。但易挥发的特性也让它成了从罗马时代开始便声名远播的一种毒物。试想一下，一个人只需要在仇人门窗紧闭的卧室的灯中加入一小杯汞，一晚过后，这个仇人就成了急性汞中毒的受害者。单质汞致死的能力并不强，但它却会严重刺激人的呼吸道和消化道，并可能对神经系统造成无法逆转的伤害。也就是说，这个仇人虽

日常生活中的含汞物品：日光灯管、锌汞电池、水银温度计

然不会死，但可能会变得眼瞎、耳聋、口齿不清并疯疯癫癫。

还有另一个与汞有关的知名人物，那就是《爱丽丝梦游仙境》中的"疯帽子"。在《爱丽丝漫游仙境》的作者刘易斯·卡罗尔生活的年代，英国人把一顶挺立的礼帽当作体面生活的象征，而汞正是处理帽子，使之平整、挺立的药物。制帽工人们每天都需要与汞亲密接触。汞通过吸入、皮肤接触等途径进入他们体内，久而久之，在体内蓄积到足以对神经系统产生伤害的浓度，让他们变疯。而这些发疯的制帽工人正是"疯帽子"这一词原本指代的群体，也是"疯帽子"的原型。

重金属污染

除了汞，其他重金属元素正对或曾对我们造成严重的污染，比如铅、铬、镉、锑，还有经常与它们相提并论的类重金属砷和硒。其中，铅、汞、铬、镉并称为重金属污染界的"四大天王"，几乎在全世界都被相关法令管控，其中最著名的应该是欧盟颁布的《关于限制在电子电气设备中使用某些有害成分的指令》（简称 RoHS 指令）。这个指令要求在欧盟销售的电子电气产品中，铅、汞、铬、镉等的浓度必须符合相关要求。这四类重金属都满足以下条件中的两条或两条以上：毒性大、在环境中非常常见、广泛应用于日常生产生活中、造成过严重的后果。其中最常见的应该是铅，它被人类利用的历史可能比汞还长。铅很柔软，容易熔融，其氧化物为黑色粉末，这使它具有容易铸造的特性，并可以被当成简单的笔来使用。后来贵族们发现铅能够使皮肤变白，便将它加入化妆品中，涂抹在脸和身上。但他们不知道的是，铅还能使人变傻和死亡，对儿童的伤害尤其严重，许多贵族因此毁在了自己的化妆品上。例如，16 世纪的英国女王伊丽莎白一世为了掩盖脸上的天花疤痕，用铅白将面部涂得雪白，后世许多学者认为，正是这标志性的雪白妆容导致了伊丽莎白一世铅中毒，最终夺去了她的性命。不幸的是，之后的几千年中，人类都没能发现比铅更为有效的美白物质。所以直至今天，当一个化妆品大肆宣传自己的美白效果并且确有实效时，消费者们仍然应该提防其中添加了过量的铅。汽油、香烟、煤也都曾引发过铅中毒事件，例如某些地区曾报道过儿童血铅超标，这件事就与汽油中的铅密切相关。

铬是一种毒性和价态紧密相关的重金属。三价铬是人体必需的微量元素，六价铬则是一种已确定的人类致癌物。许多重金属都有类似的性质，比如汞的单质毒性远小于甲基汞，

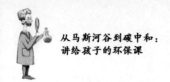
三价砷的毒性远小于六价砷。环境中六价铬的主要来源一般是电镀废水、炼钢废水、颜料杂质等。环保工作者初次接触六价铬则可能是在实验室。六价铬化合物重铬酸钾是测试水体化学需氧量时用的氧化剂，而水体化学需氧量是反映水体污染程度的一个重要指标。和其他几种重金属不同，铬并没有造成过震惊世界的大公害事件，但污染事件却一直没有平息。世界上有名的"癌症村""癌症镇"，多是由于铬污染而导致癌症高发的。

痛痛病事件

"好痛啊"

疾病会使人疼痛，但却鲜有疾病以疼痛为名。然而在1955 年前后的日本，有一种怪病被简单粗暴地命名为"痛痛病"，这就是我们这一章的主角。

痛痛病会被如此命名，是因为它有一个非常显著的特征：患者会极度痛苦。由于骨头变软、变脆，患者首先感到的是手腕和腿部的疼痛；之后关节变形错位，无法支撑身体结构，疼痛随之扩散到全身的骨头，甚至使人佝偻变形；到后期，骨头已经松软到极致，最轻微的碰触和搀扶都会让病人疼痛难忍，更不用说行走或活动所带来的痛苦，甚至连咳嗽的震动都能导致病人骨折。患者只能躺在床上，被疼痛感侵蚀全身，不断喊着"好痛啊，好痛啊"，他们痛苦的呼喊便成了这种病的名字。最终，肾衰竭会夺走患者的生命。

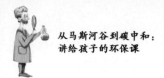

痛痛病患者

　　痛痛病最早被发现于 1912 年前后，但当时只有零星病例，并未受到重视。到第二次世界大战期间，富山县神通川流域的患者开始急速增加，当地人针对这种病展开了一系列的医学研究。到 1946 年有了第一篇关于痛痛病的正式病例报道，但此时医生仍错误地认为这种病来源于细菌或病毒感染。直到 1955 年，本地诊所的荻野医生才提出准确的病因——重金属中毒，特别是镉污染和镉中毒，并确认了"痛痛病"这个名字。1968 年，日本厚生劳动省正式宣布镉中毒是痛痛病的病因，并开展了一系列赔偿、治疗、污染治理等工作。痛痛病的治疗时至今日仍在持续，因为镉中毒到目前为止是无解的，尚存活的患者无法被完全治愈，只能靠输维生素 D 来缓解痛苦，延长生命。

那么，罪魁祸首镉是从哪里来的呢？这要从富山县的历史说起了。

开采出来的污染

富山县自古以来都有采矿的历史，16 世纪开始开采银矿，18 世纪时又发现了金矿，随后又发现了铅、铜、锌等多种矿藏。1910 年到 1946 年这段痛痛病快速蔓延的时间，先后爆发了日俄战争、第一次世界大战和第二次世界大战，日本工业因军事需求而飞速发展。和四日市一样，为了满足军事需要，富山县在这 30 多年的时间里迅速成长，一度成为世界上数一数二的矿业城市，特别是在第二次世界大战期间三井矿业进驻之后。

然而，熟悉富山县历史的读者可能发现，富山县的矿藏里并没有镉。自然界的矿藏通常具有伴生特性，镉就是其他有用的金属的伴生矿。富山县通过洗矿来去除金属中的杂质，

镉随着洗矿废水进入自然水体。当刚确认痛痛病可能是由重金属中毒导致时，研究者们首先怀疑的是铅，而忽视了其他重金属杂质。就这样，镉仍然随洗矿水被排放至神通川中，周围的居民则使用被严重污染的水灌溉水稻、洗衣做饭，甚至直接饮用这些水，河中的鱼也常常成为他们的盘中餐。这种重金属通过许多方式进入人体，取代钙离子与其他元素发生反应，导致骨骼中的钙逐渐被镉取代，引发软骨病。镉还会攻击肾脏细胞的线粒体并导致肾功能衰竭，这是痛痛病致

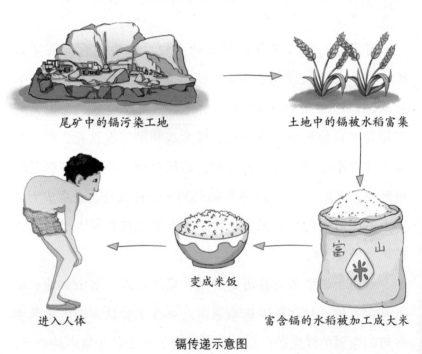

尾矿中的镉污染工地　　　　　　土地中的镉被水稻富集

变成米饭

进入人体　　　　　　富含镉的水稻被加工成大米

镉传递示意图

死的主要原因。

痛痛病虽然与水俣病一样属于重金属中毒造成的公害事件，但痛痛病的受害范围、赔偿金额和治理费用堪称日本四大公害病之首，这是因为富山县是日本有名的大米产地。由于使用含镉废水进行灌溉，当地稻田的土地中蓄积了大量的镉，这种重金属又非常容易从土壤进入水稻中，它们随着水稻的生长富集在果实大米之中，最后被端上餐桌。此外，富山县的大米远销全国，于是除了富山县以外，还有其他5个县中也发现了含镉大米的受害者。

土壤污染

污染有很多种分类方式，其中很常见的一种就是按污染分散媒介分类，分为大气污染、水污染、土壤污染以及声污染、光污染等。痛痛病属于一种典型的由土壤污染造成的疾病。

土壤污染的概念出现得比水污染、大气污染更晚一些。这一方面是因为土壤污染不像另外两种媒介那样容易被发现，另一方面则是因为土壤中有很强的微生物代谢循环系统，因此有很强的自净能力。也正是因为土壤的自净能力，很长一段时间人类都把土壤当作所有污染的"最终归宿"。生活垃

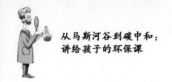

圾中很大一部分会被送去填埋，水污染处理剩下的残渣也会被填埋。自然条件下，土壤微生物会将填埋的垃圾消化分解，让它们变回能被动物、植物重新利用的小分子，但当土壤中能够被分解的异物总量超出了微生物的消化能力，或出现了大量微生物不能消化分解的物质时，土壤污染就产生了。

土壤污染一旦产生就很难消失，几乎无法像大气污染那样有自然消散的机会。这是由土壤和它内部的微生物系统本身的性质导致的。首先，土壤不像大气和水一样，有很强的流动性，不能依靠扩散和稀释的方式快速降低污染物浓度。其次，土壤污染的成分非常复杂，有像镉一样的无机污染物，如汞、砷、铜、铅、铬等，也有各种有机污染物，如农药"六六六""滴滴涕"等。这些物质加上土壤本身的复杂成分，在土壤微生物的代谢下不断变化，使得土壤污染的成分更加多样化，也就更难做出特别有针对性的应对措施。再次，土壤污染的来源也非常多，其中还有很多与基本生活与生产保障紧密相关，比如"把垃圾埋起来"这种终极垃圾处理方式，使用农药、化肥的农业种植等。因为大气沉降、水循环等作用，水和大气也会成为土壤污染的来源。以上种种来源使土壤污染成为一种难以根治且治理成本高昂的污染。

这种"顽固"的污染自痛痛病以来便从未远离过我们。

2021年，联合国粮食及农业组织与联合国规划署联合发表了《全球土壤污染评估》报告。报告指出，土壤污染已成为严峻的全球问题，在所有大陆上甚至最偏远的地区，土壤都已经被污染了。与此同时，人类生产的工业化学品还在增加，杀虫剂的用量在2000～2017年增加了75%，废弃物的产生量也在逐年增加，甚至新冠疫情都为土壤污染的治理带来新的压力。如果全世界的人们再不达成共识并采取行动，土壤污染和它带来的粮食生产以及人类健康的威胁将进一步恶化。

面对土壤污染，人们也尝试了多种多样的治理方法。早期的土壤污染治理方法非常单纯，就是从其他地方运来"干净"的土，覆盖或替换受污染的土壤，这种方法被称为"换土法"。不过，这种看似简单的方法，成本却非常高，日本政府自1979年起，用换土法治理了富山县约9平方千米的土地，支出高达407亿日元，由于金额庞大，这笔费用由污染者三井矿业、日本政府、富山政府和歧埠政府共同承担。

随着科技不断发展，换土法已经不再是土壤污染治理的唯一选择。科研工作者利用像水稻这样容易从土壤中富集重金属的植物，主动吸收土壤中的污染物，实现生物修复；还可以利用有机污染物的挥发性，加热受污染的土壤，使其中的有机污染物蒸发，实现物理修复；也可以在土壤中加入改

良剂和吸附剂，让污染物固定下来难以迁移，实现物理修复。不过总体而言，土壤污染的治理需要花费的时间长、成本高，所以越来越多的国家和地区都加强了对土壤污染的预防工作。

在农业上，人们开始减少农药和化肥的使用，推广有机肥和生物防治技术的应用；控制灌溉用水的水质，防止水中的有毒有害物质进入农田，对于土壤微生物难以降解的塑料农膜、包装袋等，则提出了加强统一收集、处置和再利用，以及开发可降解农膜两条技术路线。在工业上，各国法律法规都严格禁止将未处理达标的工业废水、化学品等直接排入水或土壤之中。工业企业还必须建立应急预案、储备应急物资，以便能迅速处置不慎发生的有毒有害物质泄漏事故。在生活中，许多国家逐渐将焚烧当作处置生活垃圾的第一方案，以减少填埋土地的使用。各种矿山、矿业公司更是管理的重中之重，从选址、开发到最终"退役"，都要对洗矿水、尾矿等进行最严格的控制，防止痛痛病这类的悲剧重演。

今天，如果还有企业敢像当年的三井矿业一样，把洗矿水直接排入地表水中，那么等待他们的将是全责治理、天价赔偿、企业"关门大吉"、负责人锒铛入狱这几个后果。

米糠油事件

˝油症˝事件

日本国内的四大公害事件，一般是指水俣病、第二水俣病、四日市哮喘以及痛痛病。还有一件发生在日本的公害事件虽然没有在国内排上名，却被列为20世纪世界八大公害事件之一，这就是日本米糠油事件。

米糠油，顾名思义就是从稻壳、果皮等米糠中提炼的油。由于米糠只是稻米加工得到的副产物，价格较其他油料作物更便宜，所以米糠油的价格较低，早年间会作为食用油或饲料使用。

在油的生产过程中，有一个步骤叫除臭。一般来说，食用油的除臭是利用油脂和杂质挥发度不同的原理，在高温低压的情况下，借助水蒸气蒸馏"带走"油脂中影响气味、颜色的物质。条件中的"高温"一般是通过在管道中通入热载

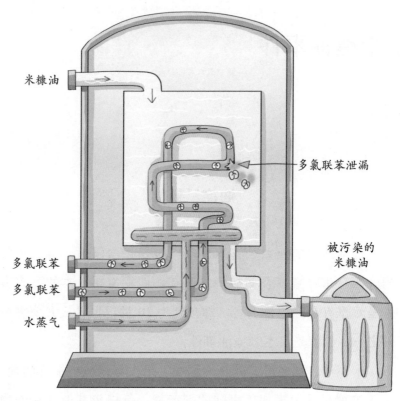

米糠油

多氯联苯泄漏

多氯联苯

多氯联苯

水蒸气

被污染的
米糠油

米糠油生产线中加热管道发生泄漏

体达到的。

　　1968 年 2 月初，北九州市小仓区内，金美仓库株式会社的米糠油生产线中，一条加热管道发生了泄漏。管道中的热载体慢慢渗出，一滴一滴地进入了米糠油成品之中。这小小的泄漏逃过了质检部门的眼睛，含有热载体的米糠油被封装、售出，端上周围居民的餐桌。另有一些米糠油和副产品黑油被卖给农户，用作家禽、家畜的饲料。

农户们很快就发现，他们饲养的鸡和火鸡忽然开始呼吸困难，也就两个月的时间，40亿只家禽因此死去。

不久之后，人类也开始受到影响。1968年6月起，连续四家人因为皮肤病到九州大学附属医院就诊，他们都有皮疹、色斑、色素沉积、指甲发黑、结膜充血等症状。九州大学和相关机构立刻对这种病展开了调查，并在4个月内发现300多名患者。而之后的10年中，一直有新的受害者被发现，最终认定的受害者人数大约是14000人，其中有许多新生儿出现畸形或遗传了父母的症状，还有上千人因为肝部病变、并发症或癌症死亡。

那么，进入米糠油的热载体到底是什么呢？答案是多氯联苯。

多氯联苯是一种人工合成的有机化合物，由于性质稳定，对酸、碱、热都有很强的耐性，几乎不溶于水却易溶于脂，用途非常广泛，除了上文所说的热载体，还可以当成润滑油或者塑料、橡胶的添加剂使用，以及用作加在电器甚至大型变压器之中的绝缘油。人类过量摄入多氯联苯会引发皮肤病、眼病、牙齿松脱、肝损伤等疾病，并且，它还是世界卫生组

织确定的一类致癌、致畸变物质。

和许多人工合成的物质一样，多氯联苯刚被合成出来的时候，人们惊叹于它的功效，并一下子生产了很多。等到生产了差不多100万吨多氯联苯的时候，大家又突然发现"这东西有毒"，但却不知如何处理。当人们开始考虑对多氯联苯做处理时，它的那些优点便纷纷变成了缺点：性质稳定，意味着它在自然环境中难以被分解，只能以极缓慢的速度，在少量微生物和光的作用下被分解成低毒物质；易溶于脂不溶于水，意味着它很容易从环境中进入生物体内，储存在生物体的脂肪里，特别是内脏器官之中，很难被排出。随着生物链中的生物浓缩和生物放大作用，生物体内蓄积的多氯联苯可能会是周围环境中的十几倍到几百倍。多氯联苯还可以进行长途迁移，甚至在南极企鹅的体内都能发现它的存在。

不该流行的持久性有机污染物

像多氯联苯这样具有易溶于脂难溶于水、在生物体内容易积累、性质稳定，难以在自然条件下快速分解、能够远距离传输，具有高毒性、特别是具有致癌致突变性的环境污染物，科学家给它们统一起了一个名字：持久性有机污染物，像"六六六""滴滴涕"等农药，都被划在这一类里。其他常见的持久性有机污染物还有多溴联苯、多溴二苯醚、氯丹和被称为"世纪之毒"的二噁英等。

持久性有机污染物所造成的污染事件数量繁多，比如1979年的"台湾油症事件"，它和日本米糠油事件如出一辙，也是由于多氯联苯污染米糠油导致的。1976年的"塞维索化学污染事件"是由于化工厂爆炸导致二噁英泄漏而引发的。越南战争中美国人使用的脱叶剂"橙剂"的主要成分是二噁英。2010年，德国也爆发过鸡饲料被持久性有机污染物（主要是二噁英）污染，导致周边国家紧急停止进口德国的禽蛋制品的事件。这些事件的祸害范围和程度都非同小可，以至于世界各国都不约而同地出台了对于持久性有机污染物的管控规定。为强化国际间合作，各国还签署了最广为人知、涉及国家最多和管控范围最广的《斯德哥尔摩公约》，它限制或禁止23种持久性有机污染物在缔约国生产、销售和使用。

《斯德哥尔摩公约》目前的缔约方已经超过170个，中国也在其中。此外，欧盟地区发布的《关于限制在电子电气设备中使用某些有害成分的指令》（简称RoHS指令）影响力也很大。按指令规定，所有在欧盟销售的电子电器中，多溴联苯和多溴二苯醚的浓度不超过0.1%。多溴联苯和多溴二

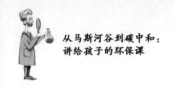

苯醚的化学结构和多氯联苯相似，可以作为电器配件的绝缘剂、阻燃剂或增塑剂使用。指令对出口至欧盟地区的产品也适用，因此中国也制定了对应的国家标准。

在全世界的共同努力下，持久性有机污染物的生产和销售正在逐渐减少。不过，仍不断有新的有机物被制造出来，它们是否会成为持久性有机污染物，还需要时间的检验。

公众参与很重要

到这一章为止，我们就介绍完了 20 世纪最有名的 8 个公害事件，它们横跨大气、水、土壤等多个领域，造成危害的污染物有二氧化硫，光化学烟雾，汞、镉等重金属以及持久性有机污染物等。这八大事件合起来几乎是一部缩略版的"环境污染百科全书"，也是人类不断探索环境的进步过程。值得注意的是，这八大公害事件有四件发生在日本，三件在美国，一件在英国，都是如今的发达国家，也是 20 世纪发展最快的几个国家。最近这些年来，中国的经济增速常年位居世界第一，为了避免与上述国家陷入同样的困境，我们应该采取什么行动呢？其中非常重要的一条措施就是鼓励公众参与。

　　不论是在欧美国家还是日本，环境运动的先驱者和参与者首先是公众和非政府组织——他们中间有普通的农户、公司员工、家庭主妇，也有医生、律师、记者……也许他们每个人的力量都不大，每个人的呼声不一定都能传达到决策层耳中，但重要的是每个人都在行动，每个人都在呼吁，每个人都有"环境问题不是依靠别人能解决的，我必须有所动作"这样的想法。

　　于是，公众成了环境保护工作的发起者、参与者和监督者：来自公众的呼吁促使政府开展环境保护工作，组织起专业的力量，提出环境保护措施；公众在工作和生活中执行这些措施，比如开展垃圾分类，提升资源循环再用，支持环境保护工作；公众来表达他们对措施的效果是否满意。如此一来，我们才能形成环境保护的良性循环。

　　所以，如果大家在生活中发现了什么污染行为，或者有哪些环保要求执行得不到位的地方，千万不要吝惜发声，不要停止发声。也许不是每一次发声都能得到回应，但这些声音之中，总有一些会被听到。

危机与觉醒

《寂静的春天》与现代环境科学的诞生

寂静的春天

春天是一个春花烂漫、生机勃勃的季节。对于大多数人来说，20世纪50年代的春天和以往没什么不同，但美国海洋生物和野生动物学家、作家蕾切尔·卡森却敏锐地发现了区别：鸟儿的啾鸣声似乎越来越少。

1958年1月，卡森收到友人奥尔加·欧文斯·哈金斯的来信，信中说到这样一件事：一架载满双对氯苯基三氯乙烷（"滴滴涕"农药）的灭蚊飞机飞过她的农场，第二天，农场遍地都是鸟儿的尸体。这让卡森下定决心，要写一篇充分揭露化学品对生态环境危害的文章。她本人也没有料到，随着研究的深入和资料的积累，这篇文章不断变长，最终变成耗时4年完成的一部著作。

1962年，卡森所创作的《寂静的春天》开始在美国杂志

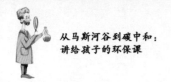

《纽约客》上连载。她引用大量的数据和科研结果，揭示了"滴滴涕"、有机磷农药、除草剂等化学品对水体、土壤、植物、动物、海洋和人类产生的不良影响。例如：水体、土壤中人工化学品的浓度急速升高；大量动物急性中毒死亡；鸟类和鱼类因"滴滴涕"的慢性中毒而生育能力减弱，蛋壳硬度降低；远在大洋彼岸的企鹅体内都能发现"滴滴涕"的存在；这些化学品随着食物被端上人类餐桌，影响人的神经系统和生殖系统，使人患上癌症。生动的描述和翔实的科学论证让这部作品在美国掀起了恐慌式的轩然大波。

也许有人会觉得奇怪，这些如今显而易见的事实，怎么会引起恐慌呢？让我们把时钟拨回到20世纪40年代，从这时起，化学工业迅猛发展，人们在短短的20多年间合成了500多种新物质，人工合成的有机杀虫剂和除草剂从进入人们视野到被大肆使用似乎只是一眨眼的事，而且差不多每天都有新的、更高效的，同时毒性更强的化学药剂被生产出来。世界卫生组织用"滴滴涕"这种有机氯杀虫剂在非洲和第二次世界大战的战场杀灭蚊蝇，有效地阻止了疟疾肆虐，取得了人类对抗瘟疫的漫长战争中的一大胜利。为此，发明"滴滴涕"的瑞士科学家保罗·赫尔曼·穆勒获得了诺贝尔生理学或医学奖。这时的世界处于一种"化学品狂热"之中，民

众得益于化学工业的快速发展而享受着少病虫害的生活，化工厂则赚进大把大把的钞票，甚至连许多科学家都开始相信，依靠科技的发展，人类正在逐渐控制自然，在20世纪60年代初，几乎全世界的人都是这么想的。

在这种情况下，《寂静的春天》类似一盆当头冷水。它用许多人们视而不见，或者装作视而不见的事件、数据和科研成果告诉大家，"滴滴涕"这样的有机杀虫剂并不是在环境中杀死虫子后就自己消失了。它们有两个很显著的特性，叫作生物浓缩和生物放大，这两个特性保障它们在地球上空、地下无所不在。

生物浓缩和生物放大

生物浓缩是指生物从环境中吃进或者吸收了某种难以分解的化合物后，很难将它们排出去，导致生物体内这种物质的浓度逐渐升高，最后比环境中该物质的浓度高的现象。这个特性让农药可以被农作物等植物吸收、富集，并进入食物链中。

生物放大则指在一条食物链中，高级生物通过吞食低级生物而摄入了某种难以分解的物质，这种物质在食物链高层

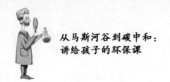

比低层浓度高的情况。这个特性则让农药可以随着食物链传递，人或动物吃下带有农药成分的食物后，农药进一步在其体内富集，浓度增高，并保持较高的毒性。

这两个特性现在已经是非常基础的环境学知识了，但在当年，除了一些环保先驱，大众还没意识到有这两种特性的物质会随着食物链在生物体内不断传递，并且浓度越来越高，毒性越来越大，消灭昆虫的同时带来更多的生态危害。

其实，不论是生物浓缩还是生物放大，在 1962 年都不是很新的概念。且不说各类科研，大仲马在差不多 100 年前的《基督山伯爵》中，就借伯爵之口讲过这样一个故事：一位研究毒物的神甫用含有砒霜的蒸馏水浇灌一棵椰菜，用这棵椰菜毒死了兔子；一只母鸡啄食了病兔的内脏，第二天也死了；兀鹰吃了母鸡，三天之后，兀鹫也跌进鱼塘里死了；梭子鱼、鳗鱼和鲤鱼吃掉了兀鹰，这已经是第四轮中毒；其中的一条鱼被端上了人类的餐桌，人就会第五轮中毒。这个故事中，毒物从水中进入到椰菜的部分，对应的就是生物浓缩，后面的部分则对应生物放大。这证明人们早就意识到砒霜这种知名毒药能够随食物链传递。但在《寂静的春天》出版之前，大众却没有意识到日常使用的杀虫剂、除草剂和砒霜有同样的性质。

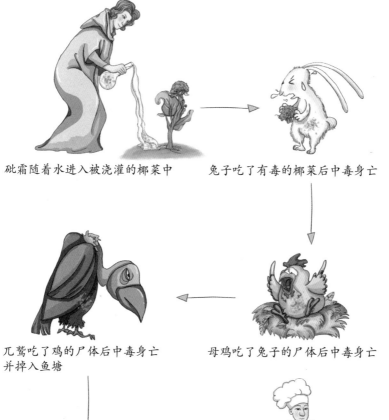

砒霜随着水进入被浇灌的椰菜中　　　　兔子吃了有毒的椰菜后中毒身亡

兀鹫吃了鸡的尸体后中毒身亡　　　　　母鸡吃了兔子的尸体后中毒身亡
并掉入鱼塘

鱼吃了掉入鱼塘中的兀鹫尸体中毒　　　中毒的鱼被
做成食物供
人类享用

《基督山伯爵》中描述的砒霜随食物链传递的过程

旷日持久的争执

《寂静的春天》一经出版就获得极大反响，民众意识到身边每日接触到的杀虫剂能造成这么大的危害，于是开始恐慌。他们惊讶地发现，政府竟然从来没有审查过这些能毒死杂草、虫子、鸟、猫、狗的毒药是否也会毒死人类，于是开始抵制书中提到的一些化学品。与民众的反应不同，大型化工企业对卡森发出狂风般的抨击。工业巨头孟山都作为"滴滴涕"的大生产商，在资金和其他各方面支持了许多反对和驳斥卡森的研究，模仿《寂静的春天》出版书籍，嘲讽卡森是个过度的自然崇拜者，将几只鸟的性命看得比人类更重要。氯丹生产企业维西科尔化学公司威胁要起诉筹划出版《寂静的春天》的编辑和《纽约客》《奥杜邦》杂志。而后，政府也加入了这场斗争。由于农药的使用大大增加了粮食产量，减少了疾病发生，美国的农业部和医学会全都站在化工企业一方，为了攻击环境学者无所不用其极，甚至针对卡森是一位未婚妇女而展开充满性别歧视的人身攻击。

虽然反对者和批评者的力量很强大，但卡森也有自己的盟友。《纽约客》为卡森的专栏提供丰厚的报酬，生物学者、动物保护社团、学校和研究院为她提供资料及数据。在《寂静的春天》正式出版前，几乎每个章节都被相关领域的专家修改过，改正了许多错误和不严谨的地方。众人的努力让《寂静的春天》影响力越来越大，可被指摘的部分越来越少。民众也用实际行动表达了对这本书的支持，《寂静的春天》单行本于1962年6月一经出版，便登上了畅销书榜首，其精装本在3个月内就售出了10万多册。

这场旷日持久的争执直到卡森去世也没有结束。卡森在1960年被诊断出乳腺癌，《寂静的春天》出版两年后，1964年她因癌症离开了人世。《寂静的春天》的影响并没有因为作者的离世而减弱，而是在之后的10年中持续发酵。终于，在愈演愈烈的环保风暴之中，美国总统约翰·肯尼迪专门指定了一个小组对书中提到的农药进行毒理学研究，而后发现《寂静的春天》所描写的大多都是事实。至于这场斗争最后的结果，大家现在其实是能看到的："滴滴涕"和许多性质类似的杀虫剂在美国（及许多其他国家）被禁用；1970年美国环保署——世界上第一个现代环保官方组织成立；食品药品监督管理局从农业部门分离出来，成为独立的部门，以便在不受农业生产者影响的前提下对食品和药品的安全性能进行公正的审查；新化学品被发明出来后需要进行申报、评估和登记。人造化学品对环境，特别是对人类以外的动植物的危害受到

了前所未有的重视。现在，环境科学成为一门单独的学科，卡森则被认为是现代环境科学的开端人物，《寂静的春天》成为促使环境保护事业在美国乃至全世界迅速发展的导火线。

并不是说没有卡森和《寂静的春天》，环保意识就不会产生，而是若没有这位拥有过人勇气的女学者站出来，在化工产业如日中天的时刻给人们当头棒喝，这场思想革命恐怕要晚开始许多年，造成的后果也会严重得多，毕竟彼时的美国政府正计划用"滴滴涕"对日本甲虫等几类"害虫"展开灭绝式的除虫行动。

当然，随着学科的不断发展和研究的不断深入，这本书在今天看来有一些不严谨甚至是错误的地方，比如卡森在书中将"滴滴涕"描述成一种人类致癌物，事实上，尽管这种杀虫剂对鸟类、家畜和鱼类等生物的生殖系统及神经系统有毁灭性的破坏，却至今仍没有发现对人类有害的证据。直至2004年，世界卫生组织和联合国仍在非洲使用"滴滴涕"灭蚊，将其作为控制疟疾的手段。

但瑕不掩瑜，《寂静的春天》中的许多观点到今天仍然适用。例如，卡森早就意识到，环保问题不仅仅是环保的问题，还会受政治和经济因素的制约。她曾在演讲中说过："那些阻止法律修改的人占尽了利益。"事情的发展也没有出乎卡森的

意料，直至今天，利益仍是环境保护法制定和实施的最大阻力因素。某些情况下，环保甚至成为人们争夺利益时用来相互攻击的"武器"。

最后，我推荐大家有时间读一读《寂静的春天》，它虽然是一部科普读物，但并不枯燥。它既是一部关于环保的书，也是一部关于坚持、勇气、求实精神和独立思考的书。

兔子灾难与外来物种入侵

澳大利亚最可怕的动物

澳大利亚最可怕的动物是什么呢？

澳大利亚大陆上虽然没有老虎、狮子一类凶猛的大型捕食者，但狼、野狗还是不少的，除此之外还有鳄鱼、蟒蛇、蜘蛛等，以及打起架来很凶的野猪和袋鼠……但它们都称不上是最可怕的。

澳大利亚最可怕的动物是兔子，只吃草、位于食物链下端的、毛茸茸又十分可爱的兔子。

这是怎么回事呢？

1788年，英国第一舰队发现了澳大利亚，并成为澳大利亚大陆上的第一批殖民者。登陆时，他们的船上带了一些作为储备粮的兔子。这是澳大利亚大陆上首次出现兔子这种动物。

1859年前后，英国人开始将兔子放至野外，以开展打猎活动。记载显示，一位名为托马斯·奥斯丁的英国农场主让人漂洋过海带来了 24 只欧洲兔子，并将它们放至自己在澳大利亚的土地上，以享受猎兔的乐趣。此后，其他一些英国人也开始"放养"自己的兔子。

然后，他们便对兔子失去了控制。

兔子是一种繁殖力极强的动物，它们一年四季都可以交配，怀孕期是一个月，甚至母兔在怀孕时还可以继续受孕，一次可以生 10 只左右幼崽，这让它们成为地球上最能生育的哺乳动物之一。对于繁殖能力如此之强的兔子，想要控制它们的数量，主要得靠"外力"。可澳大利亚的外力是什么样的呢？一方面，澳大利亚没有大量的大型肉食动物，这让兔子在这里几乎没有天敌；另一方面，澳大利亚南部气候温和，有大片适宜打洞的疏松土壤和充足的草、灌木、树叶等食物，可以说是兔子的天堂。

自身的超强繁殖能力以及适宜的生存环境导致澳大利亚野生兔子数量呈爆发式增长，甚至比"斐波那契数列（兔子序列）"更加"爆炸"。1886 年，这些毛茸茸的小动物占据了维多利亚州和新南威尔士州。1900 年前后，澳大利亚的西部和北部也已兔子遍布。没有人确切地知道最后澳大利亚的土地上到底有多少只兔子，但肯定超过了百亿只。有人在

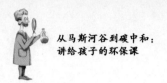
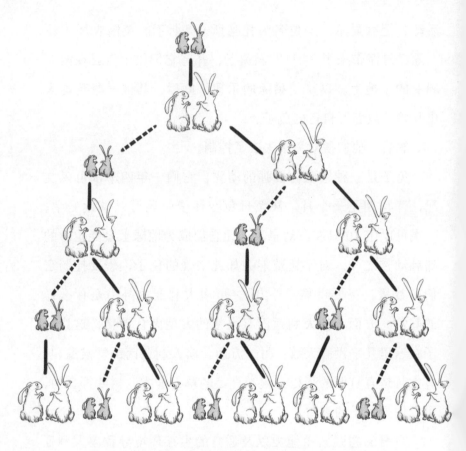

 成熟兔子　　　　兔宝宝

斐波那契数列示意图

1950 年前后做过研究，发现澳大利亚 400 多万平方千米的土地都被兔子入侵了。

人兔大战

兔子的大举入侵会带来怎样的后果呢？首先必然是生态破坏。研究显示，只要 4 只兔子就可以在澳大利亚的干旱地区啃秃 1 万平方米土地。兔子吃草的能力非常强，连植被的根部都可能被啃食。这对于干旱地区的草丛、灌木丛来说是致命的打击，失去灌木丛的旱地保水能力会更差，最终退化成寸草不生的沙地。同时，因为兔子成群结队，掠食能力强，所以和它们同级的消费者，比如体形较小的袋鼠、袋狸无法与它们竞争，只好忍饥挨饿，数量急剧减少，最后走向灭绝。据统计，因兔子而灭绝的澳大利亚本土生物有数十种。

生态环境被破坏必然会导致经济损失。且不说为了治理兔灾的花费，单是牧场上的损失就能让澳大利亚人捶胸顿足：每 10 只兔子消耗的牧草相当于 1 只羊消耗的牧草，澳大利亚土地上如果有 100 亿只兔子，那就相当于少养了 10 亿只羊，平均每个人就少养了 40 只。此外，兔子的打洞天性让它们把牧场地下挖得四通八达，农业机械一开进土地就会陷入洞中，

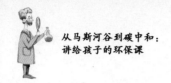

这也使得一些农场因此被迫关门。对于这些"无法无天"的小侵略者，澳大利亚人民也是费尽心思，从打猎到毁巢穴，从食物投毒到空投毒气，甚至修了一条世界上最长的防兔篱笆，但都收效甚微。他们甚至试过"以毒攻毒"，引入狐狸来捕捉兔子，结果几乎造成二次生态灾难：狐狸把"魔爪"伸向了比兔子好抓得多的本土物种，差点把一些"硕果仅存"的幸存者赶尽杀绝。

直到 1950 年前后，人类才在这场"人兔大战"中占到了优势：科学家们开始用一种只有欧洲兔子会感染发病的黏液瘤病毒杀死兔子。这种病毒一度将兔子的数量减少了 95%。经过近百年的大战，人类终于第一次成功将兔子的数量削减至可以接受的范围内。然而随着兔子体内逐渐产生抗体，近年来澳大利亚兔子的数量又有所攀升，为了防止下一次兔灾的发生，科学家们仍然在孜孜不倦地研制着新的病毒，准备随时投入使用。

澳大利亚的人兔大战是一场没有胜利者的战争：人类将兔子带到澳大利亚，它们却成了澳大利亚的灾星；兔子一时风头无两，最后却成千上万地死去……留下的只有千疮百孔的澳大利亚土地和灭绝物种名单上的一长串名字。对于类似的灾难，人类给它们起了一个名字，叫作外来物种入侵。

外来物种入侵

外来物种是指原来在当地没有自然分布，经由人类活动或自然选择引进的物种。当这种物种或物种的种子、卵等来到一个新的环境，且这个新的环境中没有这种物种的天敌，环境又适于该物种生长，结果它在新环境中大量繁殖，对当地的原生物种产生威胁，这就构成了外来物种入侵。我们在通过海关时，被要求禁止携带动物、生肉、植物、植物种子等，就是为了防止外来物种入侵的发生。对于动物、植物和植物种子会造成入侵，我们比较容易理解，而没有包装的生肉制品也会因为上面的寄生虫、菌落等构成外来物种入侵。微生物的入侵有时候甚至比哺乳动物的入侵更加可怕，许多致命的病毒都是因此进入人们视线的。

随着人类社会的发展，外来物种入侵变得越来越容易发生。从前，陆地上的动物、植物和微生物要想移动，只能靠风或者动物的脚力，移动慢，范围小。而如今，随着火车、轮船、飞机的出现，一团粘在船底的鱼卵可能几天就从亚洲到了美洲，大西洋的三文鱼和它上面的寄生虫几小时就能来到亚洲。因此不论是有心引进还是无意带入，外来物种入侵的问题都愈发严峻。

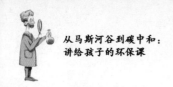

近几年来，丹麦生蚝泛滥、莱茵河绒螯蟹泛滥、美国鲤鱼和黑鱼泛滥的新闻令人记忆犹新，这主要是由于水生生物进入远航船舶的压舱水或附着在船底，无意间引入外来物种造成的泛滥。这些新闻的背后，则是一个个本土生境的毁灭。比如在丹麦的太平洋生蚝入侵事件中，本土物种利母福德生蚝的生存空间就受到了严重的挤压。

鱼卵

鱼卵粘在船底跨越大洋

还有一些物种是人们有意引进的。比如福寿螺，一些国家将之作为宠物引进，但释放至了野外；另一些国家将之作为食物引进，但因为"不好吃"而被弃养至野外。现在，福寿螺已经成为一种世界性入侵物种，威胁着许多地方性螺类、蜻蜓和水生植物的生存。2021 年在中国被"全网通缉"的加拿大一枝黄花，则是 20 世纪初作为观赏花卉被引入的。

在外来物种入侵形势如此严峻的今天，人类自身的行为成为导致或防止这类灾难发生的关键。为了减少外来物种入侵的发生，首先，我们要遵守海关规定，动物、植物、种子、生肉，以及其他许多需要申报的东西须如实申报，接受审查；其次，绝对不要轻易放生任何疑似是外来物种的东西，比如鳄龟、巴西龟，各类宠物如猫、狗、蛇、兔子、蜥蜴、仓鼠，以及实验室动物等，它们很多都是从国外引进的物种，如果有疑似野生动物需要放生，可以咨询本地的林业机构；再次，也是最后一点，当你发现了什么好吃的外来物种，比如大鳄龟、罗非鱼等，本着阻止外来物种入侵的使命感，请将它们吃掉！

核能源与核灾害

危险的能源

我们若统计一下各类科幻作品中，22世纪或在更遥远的未来人类在用什么能源，那答案十之八九是核能源。毕竟，核能源清洁高效，原料存量还多，足以使用到遥远的未来。

如果我们再统计一下各类科幻作品中，什么东西让人类世界毁灭的次数最多，其答案十之八九是核武器。而"核武器毁灭世界"这个概念其实也没有那么"玄幻"。1983年12月23日出版的《科学》杂志上首次刊登了与"核冬天"假说相关的论文。这一假说由美国国家航空航天局的5位科学家提出，指的是如果有足够多的核弹同时在地球上爆炸，地球的天空将被核弹爆破炸起的含有核辐射的黑砂遮盖长达一年之久，太阳辐射将被阻断，导致夏天的温度下降20～35℃，冻死几乎所有侥幸活过核爆的动物和植物，最终导致所有生物灭绝。尽管这一假说自诞生之后就不断被攻击，预估的后果确实有可能过于夸大，但却已然深入人心。

核危险并不仅仅来自它被应用于武器的时候，事实上，不论是从人员伤亡来看，还是从持久的、大范围的环境污染来看，甚至是从经济损失的方面来看，史上最大的核灾难并不是美国在日本投下的那两颗核弹（也是历史上唯一实际应用了的两颗核弹），而是有史以来最严重的核泄漏事故——切尔诺贝利核电站事故。

核电站事故

1986年4月26日凌晨1点24分，苏联乌克兰境内的切尔诺贝利核电站4号反应堆突然爆炸，数十米高的火柱冲天而起，掀开了反应堆的外壳，导致8吨辐射物质外泄。以辐射量计算，切尔诺贝利核泄漏散发出的放射尘的威力大约是广岛和长崎原子弹威力的数百倍。许多消防员在不知情的情况下奔赴火场，随即死于辐射的急性毒作用。事故发生后，苏联政府疏散了核电站周边的近5万人，建立了方圆10千米的禁区，后来这个禁区扩大到30千米，但仍未阻止当地的癌症发病率一路飙升——高强度的辐射是一类人类致癌物。时

消防员奔赴火场

至今日，切尔诺贝利禁区仍然人迹罕至，曾经的城镇被植物和动物"占领"，当年的核废料则被封在一个巨大的水泥石棺之内，只能依靠时间慢慢疏散仍在释放的辐射。

国际原子能机构对核事故有一个分级标准，叫作国际核事故分级标准（简称INES），分为1~7级，数字越大，事故越严重。切尔诺贝利核事故在很长一段时间以来都是人类历史上第一起，也是唯一一起INES7的核事故，直至2011年4月12日，福岛第一核电站事故也被评定为INES7。

就事故发生时所造成的损失而言，福岛第一核电站事故是远远不能与切尔诺贝利核电站的大爆炸相比的，因此，在2011年3月12日地震和海啸导致泄漏发生时，福岛第一核电站事故的第一次评级是INES4。但几天之后，随着氢气爆炸不断发生，辐射物质不断被释放至空气和海水之中，事情开始失控，国际原子能机构将事故评级提升到INES5，这就和美国最大的核泄漏事故"三里岛核电站事故"同级了。之后的一个月中，随着勘探和检测的不断进行，坏消息源源不断地从福岛传出：反应堆里的大火无法被扑灭，保护壳被高温烧穿，含有高浓度辐射的冷却水被直接排入太平洋……福岛第一核电站的污染已经超出了人类能够控制的范畴，综合泄漏强度、靠海的地理位置、福岛周围远超当年乌克兰的人

口密度，再加上尚未明朗的事故机组内部状况，国际原子能机构认为福岛事故对于世界范围内的环境影响恐怕会超过切尔诺贝利事故，最终将此次事件的评级提高到 INES7。其实在这次事故达到 INES7 之后，辐射废水仍然在无法控制的情况下流入大海，以至于产生过"福岛第一核电站事故是 7 级是因为 INES 最高只有 7 级"的说法。

福岛第一核电站事故将"是否应该继续开发核能源"这一争论推到了新的顶峰。日本首先宣布关闭国内所有核电站，随后，迫于民众的反对，德国也放弃了核电这一难驯的"烈马"，决定于 2022 年关闭国内所有核电站。但是，很多国家则继续发展核电，甚至将核电作为清洁能源大力推广。

客观了解核能源

要了解核能源，首先需要简单地了解一下它的产能原理。

1896 年的时候，法国物理学家安东尼·亨利·贝克勒尔首先发现一些物质具有放射性，几年之后玛丽·居里和她先生发现了几种放射性元素，包括钋和镭。众所周知，居里夫人因为长时间接受镭的辐射而患病身亡。1905 年，20 世纪最伟大的天才之一爱因斯坦提出质能转换公式 $E=mc^2$，说明在某种情况下，物质和能量之间是可以相互转化的，且物质中蕴含的能量非常大，等于质量乘以光速的平方，而光速则是3×10^8 米 / 秒。这大概是什么概念呢？如果我们能把一个 1 克的物体全部转化成能量，能产生 2500 万度的电。但是物质和能量之间相互转化的"某种条件"在当时尚未被发现。

在进行放射性研究的同时，科学家们也逐渐探明了原子的内部结构。欧内斯特·卢瑟福和詹姆斯·查德威克分别发现了质子和中子。直至 1938 年，人们终于知道了质量转换成能量的"某种条件"是什么。卢瑟福的学生奥托·哈恩用中子轰击放射性元素铀 235，铀的原子核在被中子轰击之后变成了两个较小的原子核，并且损失了非常微小的质量。按照爱因斯坦质能转换方程，这些质量转换成了巨大的能量，这也就是核能的基本原理之一——核裂变。后来，人们发现原子核在聚变（两个较小的原子核组成一个更大的原子核）时也会损失质量变成能量，并且这个能量更为巨大，这就是"核聚变"，也是太阳发光发热和氢弹的原理。

从核能源的原理中可以看出它的几大优势：首先，核能源用很小的初始能量和质量获得非常大的能量，资源消耗小，效率非常高；其次，核能燃料为放射性物质，目前主要是铀，与煤、石油等传统燃料相比利用历史短、开发少、储量多，

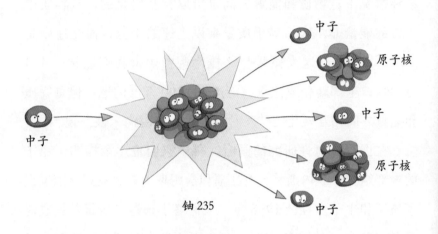

核裂变示意图

核聚变示意图

且核燃料不产生任何大气污染。此外，它还有一个从上文简述的原理中看不出来的优势，那就是和同等规模的其他电站相比，核电站的占地面积要小许多。

当然，核电的劣势也非常明显。首当其冲的就是它的辐射。核辐射作为人类一类致癌物，致癌效果和浓度无关，只和概率有关——就算一个人一生中只接触了一点儿核辐射，仍有可能患上最严重的癌症，这种致癌方式和平时大家对"中毒"的认知不同，它是没有安全剂量的。除此之外，核辐射也有与剂量有关的毒作用。如果生物体突然受到大剂量的辐射照射，或者摄入辐射源，根据照射部位、摄入方式和摄入量的不同，生物会产生轻如皮肤斑点、脱发，重至器官衰竭而死的中毒效应。

其实，今天的核电站在正常运转时一般不会向外释放辐射。然而它一旦运转不正常，那很可能把"有生以来"所有拦截下来的辐射都释放出来。此外，核电站虽然没有造成传统的大气污染或水污染，但它却产生高辐射的固体废物和废水，也就是核废料。目前，我们尚没有快速降低核废料辐射而使之无害化的方法，所以对于高辐射的核废料我们一般是这样处理的：建一个墙壁很厚的房子，把核废料贮存进去；挖一个很深的坑，把核废料埋进去；或者打造一个防辐射的

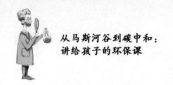

箱子，把核废料装进去，再扔进深海。理论上来说这几种处理方式是有效的，因为核废料会在环境中一边慢慢释放辐射一边衰变，最后变成没有辐射的同位素。所以只要将放射性物质封存足够长的时间，它们就会自己无害化。然而有一些核废料的半衰期（放射性元素一半原子核发生衰变的时间）非常长，比如锝99，半衰期是200多万年——差不多是人类整个历史的长度，所以现在的策略是一边封存核废料，一边研究处理方法，也许某一天，科学家的努力有了成效，让核电成为真正清洁、高效、无害的能源。

水污染与现代污水处理厂

水污染的过程

中国国际广播电台有一则公益广告，内容大概是这样的："衣服脏了用水洗，手脏了用水洗，水脏了用什么洗呢？"这个广告里面包含了两个很有意思的概念：一个是"水脏了"，一个是"水怎么洗"。

什么样的水才算脏呢？

让我们想象一条河，它的源头是一座高高的山，山顶常年被积雪覆盖，积雪在夏季缓缓融化，雪水汇集成细小的溪流。这时的水中会有些许从空气中沉降的污染物，比如一些灰尘、少许酸性物质等，但远远说不上脏。

雪水的溪流沿着岩石的缝隙不断前进。流水冲刷岩壁，一点点地溶解、腐蚀着岩石的成分，给自己增加了更多的内容物，比如岩石的碎屑，还有铜、锌、硒等矿物质。这时的

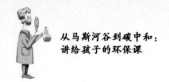
水的概念有点接近我们日常喝的矿泉水,因为含有少量人体必需的微量元素,经常被认为是比纯净水更加健康、适合饮用的水。

溪流沿着山脉继续下行,水面变得宽阔、平缓了一些,此时周围的景色也变得不一样了。土壤覆盖在岩石表面,草甸、灌木和树林生长,一些动物开始在溪流的周围活动。这里的环境给溪水提供了许多有机物杂质,比如土壤中的富里酸和腐殖酸以及动植物的尸体和动物排泄物等,还会有一些微生物进入水中。它们虽然听起来有些脏,但也是水环境孕育生命时不可或缺的营养物质。水底有了一些底泥,水草开始生根发芽,一些远道而来的鱼类或其他水生动物发现这里有水草和微生物等食物,便在此"定居"。此时水中的"杂质"主要会被生物利用,留在水体中的浓度比较低,这时的水只要稍做加工,比如煮沸就可以饮用。

溪流穿过山脚的森林,来到丘陵地带,和其他许多水流汇合,变成一条小河,从人类小村落的中间蜿蜒而过。人类从小河中取水饮用,也让一些生活污水流入河水中。村外田间的农药、化肥被雨水带着汇入河流。人类村落提供的"杂质"给水生动植物提供了更多的养分,促进它们快速生长,河水看起来仍然清澈透明,但再也没有人直接拿小河里的水

来饮用了。

小河终于来到宽广开阔的平原，和更多的河流交汇，变成了一条大河。大河的周围总是有人类的城市的。在城市中，大河里的一部分水进入自来水厂，处理之后被当作自来水使用。人类还将生活污水排入河中，多种多样的有机残渣、化学品涌入河水，刺激藻类、微生物大量繁殖，让河水带上蓝色或绿色，不再清澈见底。这时候的水有点接近人们意识中的"脏"了。

这个城市的周边还零星散落着一些工厂，它们有时会从大河中取水作为工业生产用水。工厂的工业废水也会排放到大河中。废水的进入让大河水中杂质的浓度远远超过了水生生态系统的自净能力。河水变得浑浊，水草丛生覆盖了水面，传出阵阵腥气。人们不再愿意接近大河，因为它一点也不"干净"了。

最后，大河边建起了造纸厂和印染厂。造纸厂的蒸煮废水中有机污染物的浓度极高，恶臭扑鼻。印染厂的废水不仅成分复杂，而且量非常大，包括含有机物或重金属的染料、各种助剂、浆料、纤维杂质等。流过这两个工厂之后，大河里的水颜色漆黑，气味恶臭。每隔几日，就会有死鱼翻着白肚皮漂到岸边。

水源地

水流过山地、平原

水流过工厂

水由"干净"变"脏"的过程

水流过人类村庄

水流过人类城市

污水处理厂

以上这条河由干净变脏的过程，基本是按照中国《地表水环境质量标准》（GB3838）编的，反映的是这个标准中的 6 个水质等级，也基本上是官方判定水脏不脏、有多脏的依据。到雪水的溪流流出岩石地带之前，水质对应的是 I 类水水质标准，适用于源头水和国家级自然保护区；溪流流过草甸、灌木和树林之后，水质变成了 II 类，适用于饮用水的一级水源地和珍稀鱼类的栖息地、鱼类产卵场等；当水流过基本还是自然生态的小村落之后，水质变成了Ⅲ类，适用于二级水源地和鱼类越冬场、养殖区等，同时也是人体直接接触，即游泳要求的最低水质；河水流经城市之后，水质变成了Ⅳ类，可作为工业用水和非直接接触的娱乐用水；河水流过工厂后，水质成了 V 类，这也是中国允许用于生产生活的最"脏"的水了，只可用于农业灌溉或者景观用水；比 V 类水水质更差的水统称劣 V 类水，属于严重污染的水体。

前文对于水污染过程的描述是想象的，现实中，村庄、农田、城市、工厂等污染源对水质的污染程度并不一定和文中一致。但是，这个想象过程将所有水污染源集中起来，直观且全面地展示了污染源如何对水质产生影响，以及水是如何一步一步变脏的，为人们了解水污染各个过程以及中国水质标准提供了范本。

污水处理

为了避免水资源污染，特别是变成Ⅳ类以下，我们在城市生活污水和工业废水末端引入了污水治理设施，也就是"洗水"的设施。最早的污水治理行为甚至可以追溯到古罗马时期，当时的人建立了下水道，并通过在其中加入石灰、明矾等物质沉淀生活污水中的杂质。19世纪，人们在水处理过程中加上了砂滤池。19世纪80年代，污水处理引入了一项非常重要的"洗水"技术——微生物处理技术。

经过200多年的发展，今天的污水处理厂已经运用物理、化学、生物技术协同作用的综合设施了。污水处理厂一般是指市政污水处理厂，处理对象主要包括城市居民的生活污水和一些低浓度的工业废水。大型印染、造纸、化工等企业多是自己先配一个污水处理站处理产生的工业废水，这样可以先把难处理的特征污染物去除，再将处理后的废水排入市政污水处理管道。有的大型企业直接自建了全套污水处理设施，污水处理后直接排入环境。

我们就以市政污水处理厂为例，简单介绍一下现在怎么"洗"水。

污水进入污水处理厂之后首先经过一个金属栅栏——格

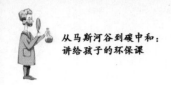

栅，格栅用来挡住水里的矿泉水瓶、塑料袋之类的大件固体。这时候拦出来的固体废物叫作栅渣，污水处理厂会对栅渣进行统一清运。

污水经过格栅之后进入的地方一般是沉砂池，沉砂池的原理也非常简单，就是让水在水池里静置，比较重的砂粒会在重力的作用下沉到水底，上层的液体再流向后面的处理装置。这一步的主要目的是去除水中的无机颗粒。如果沉砂纯度比较高，有机物含量少，在脱水之后可以制作成建筑用砂或直接填埋。

经过沉砂池之后，污水会被泵到初次沉淀的水池（简称初沉池）。工作人员会在初沉池中添加一些化学药剂作为絮凝剂或混凝剂，絮凝剂会通过化学反应让悬浮在水中的有机污染物碎屑成团，变得更大更重，也就更容易沉底。初沉池中一般会安装一个刮泥板，定时将经过絮凝沉淀、堆积在池底的有机污泥刮到专门收集污泥的地方。

一些小型、简单的污水处理厂做到初沉池环节就结束了，初沉池的出水可以直接排放到指定的自然水体之中，这类污水处理厂叫作一级污水处理厂。从格栅到初沉池的处理技术统称为污水一级处理技术，以物理或化学手段为主。现在大部分一级污水处理厂都被要求升级改造为二级污水处理厂。

　　二级污水处理厂就会用到生物处理技术，根据使用的技术不同，接在初沉池后面的设施也会有所不同，但原理都是利用微生物"吃掉"水中的污染物，所以初沉池之后的设施可以统称为生物池。目前生物池中广泛应用活性污泥法进行生物处理，这种方法是由两位英国工程师在 1913 年发明的。这种方法能够很好地处理水中的有机污染物，克服一级处理厂只能处理无机化学污染物的限制，可以说是 20 世纪水污染治理里程碑式的发明之一。

　　活性污泥的主要成分并不是泥土，而是大量的微生物，它们聚集在一起时看起来很像絮状污泥，所以被称为活性污泥。这些微生物被投加至废水中后，一边将水中悬浮和溶解的有机物"吸"到自己的絮状表面上，一边"吃掉"它们。被吃掉的有机物经过消化，一部分成了微生物的"血肉"，一部分变成消化产物排放出来，将水中的污染物变成可以分离的固体（微生物自身）和气体（排放的甲烷、二氧化碳等）。同时，为了保证微生物能够顺利存活并将有机物充分地分解，池中还要有曝气装置不断提供氧气，因此活性污泥的生物池常被称为曝气池。

　　通过曝气池之后，污水会进入二次沉淀池（简称二沉池），这一次主要是沉淀漂浮在水中的微生物絮团，也就是活

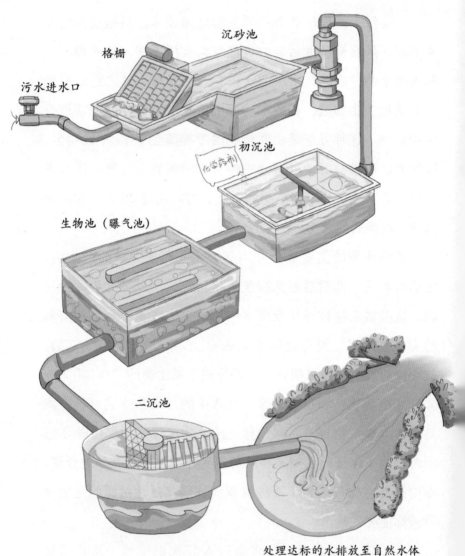

污水进水口

格栅

沉砂池

初沉池

化学药剂

生物池（曝气池）

二沉池

处理达标的水排放至自然水体

二级污水处理厂常见的污水处理流程

性污泥。二沉池基本只靠重力作用让污泥沉底，以避免化学药品对微生物产生伤害，沉底的污泥仍然可以作为活性污泥加回曝气池使用。

如果前面的步骤都顺利完成，污水中的大部分污染物都变成固体污泥留在污水处理厂中，二沉池流出的水达到国家制定的排放标准，就可以排入自然水体了。当我们对排水有更高要求时，还可以进行三级污水处理。三级污水处理技术并没有一定之规，一般是根据出水的用途进行选择，比如要进一步脱氮除磷，就会再加一轮生物厌氧或兼氧处理；如果要除去金属离子，则选择反渗透膜等手段。从技术上来说，通过三级处理直接将污水处理至饮用水标准也可以实现，但成本会非常高。

至此，我们已经大体了解了水从干净到受污染、又从受污染到干净的典型过程。如想深入了解，每年的世界环境日都会有一些污水处理厂向公众开放，大家可以去参观。这些污水处理厂大多建有专门的公众科普设施，可以直观展示有趣的水处理技术知识。由于污水处理厂的运营成本很高，我们还是要提倡节约用水，从源头上减少污水的总量。

蓝藻的故事

诞生于远古的小生命

大约在 35 亿年前，海水之中诞生了一颗蓝绿色的原核细胞，这颗细胞后来成了地球上最早的生物，被称为蓝藻。那时，我们所熟知的动物尚没有一种出现在地球上。

蓝藻日复一日、年复一年地在深海中生存繁衍着。它们的蓝绿色来自叶绿素，和今天的许多植物一样，它们靠光合作用吸收营养，合成自身所需物质和能量，同时释放氧气。漫长的岁月里，蓝藻们吸收着被海水柔化了的阳光，一边成长壮大，一边吐出氧气泡泡。又过了上亿年，氧气泡泡终于穿透海水，从海平面升起，进入地球的大气圈之中。

这是一个值得纪念的时刻，从这一刻起，地球具备了诞生我们这样生命的条件：含有氧气的大气，但对于蓝藻来说，这一刻和之前的几十亿年没什么不同，和之后的几十亿年也

没有太大的不同。

　　蓝藻种群不断壮大、不断吐出氧气，渐渐改变了地球的大气结构。同时，地球还发生了许多其他事情，比如海底火山喷发、地壳形成，以及许多我们时至今日尚未探明的秘密。总之，更多、更复杂的生物出现在地球上。曾经作为地球一霸的蓝藻此时退居二线，成了小鱼小虾们的粮食。这时的蓝藻也有了更多的"朋友"，比如绿藻、红藻、硅藻、念珠藻等，它们一同构成了海底的藻类大家族。

　　又过了几十亿年，人类出现了。在人类历史的大部分时间里，人类和藻类基本上相安无事。人类吃藻类，研究藻类，

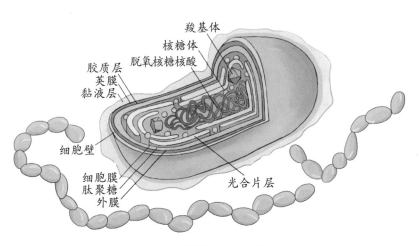

蓝藻细胞结构示意图

并且非常勤劳地给藻类分类、起名字。一开始，人类将蓝藻
和其他藻类放在一起，称为"蓝藻"。

直到20世纪60～70年代，人们才发现蓝藻从细胞结构
上来讲是原核生物，更接近于细菌，于是现在更普遍使用的是
"蓝细菌"这个名字。差不多也是同一个时间段，藻类以一种
空前凶猛的姿态干扰起人类的生活，这个姿态名为"水华"。

从给予者到剥夺者

说起水华，大家应该并不陌生。2007年太湖爆发过严重
水华，导致无锡全城的自来水受到污染，超市瓶装水被抢购
一空。除了太湖，其他许多有名的湖泊，不论是中国的还是
外国的都或多或少爆发过水华。

水华通常是水体富营养化造成的。自然界水体中含有氮、
磷等植物成长所需的元素，如果这些元素在水体中含量太高，
那么水体营养过剩，就被称为富营养化。丰富的营养再配上
适宜的温度形成了最适合藻类生长的条件，这些小生物会爆
发性地呈对数增长。前一天它们还是池底一群不起眼的小配
角，第二天就忽地铺满整个水面，在非常短的时间内让整个
水体都变得绿油油、粘腻腻，散发出一股腥臭味。蓝藻、绿

藻、硅藻都有可能形成水华，但从远古进化至今的蓝藻，其生存能力和繁殖能力都相对更强，所以蓝藻水华更为常见。

这时候，蓝藻就从氧气的缔造者变成了氧气的剥夺者。评判水质的标准中有一条很重要的标准叫作溶解氧含量，指的是溶解在水中的氧气含量。水中的鱼、虾等就是靠鳃片中的血管吸入水中的溶解氧呼吸。水中的溶解氧越多，需要呼吸的生物就越容易在水中生存，反之，即使是鱼也会在水中"憋死"。正常情况下，蓝藻和其他的水生植物通过光合作用为水体提供溶解氧，然而当水华爆发时，情况就反过来了。在水体营养过剩的情况下，蓝藻拼命繁殖，很快就增殖到超过水体能承载的最大限度，"超载"之后，蓝藻会因为得不到足够的养分和能量而大规模死亡，此后，微生物会分解它们的尸体，而这个分解过程会消耗水中大量的溶解氧。

分解近千平方千米的蓝藻尸体足以耗光一个水体里储存的大多数溶解氧，所以在发生水华的水体中，其他水生生物会大规模窒息而亡，进而出现大量死鱼漂浮在水面的情况。

这种"灭绝式耗氧"的水华对水生生态系统的打击是毁灭性的，大量动物和沉水植物会在水华中死亡，整个水体的生态平衡被打破，水质更容易恶化，造成恶性循环。一个自然水体一旦爆发过水华，就很难自然恢复，即便侥幸开始"康复"，

也需要很长时间来重建生态系统。

除了耗光水中的溶解氧，水华还会造成许多其他危害，比如产生微囊藻毒素。它正是 2007 年太湖事件中造成饮用水污染的元凶之一。蓝藻有生存压力时，大多都会分泌微囊藻毒素，这种毒素易溶于水，耐酸碱和高温，而且只要进入了水体，很难使用普通方法去除。它的毒性也比较强，主要作用于肝，低剂量地长期摄入可导致肝癌的发生，急性中毒可引发肝炎、肝大、肝出血等症状。研究认为，一些地方性的肝癌多发，与当地的饮用水受微囊藻毒素污染有关。2006年，中国在饮用水标准里增加了微囊藻毒素的指标，限量是 1 微克/升，和世界卫生组织的指导值相同。

水华的综合治理

就这样，在地球上生存了几十亿年的蓝藻成了人类的敌人，人们谈蓝藻色变。以中国为例，为了治理太湖、巢湖、滇池几大流域的水华，中国政府的投资已经超过千亿元人民币。一到夏天，有水华风险的地区就如临大敌，随时监控着水华的发生，一旦蓝藻水华出现就开始派人打捞。一开始，人们觉得水华就是藻类的事，于是只使用打捞、吸附、絮凝沉淀等方法去除水体中的藻类。后来人们发现水华和富营养化之间的联系，开始进行综合治理，从源头上减少污染物进入水体。较大规模的措施包括在几大流域周围兴建污水处理厂，将工业、农业等污染源迁离保护地。小措施则更多了，比如现在推行的使用无磷洗衣粉、洗发液等，就是为了减少进入水体中的磷。在源头减排的同时，治理藻类的手段也更加多样化，例如，在太湖边修建洗藻厂，将湖水吸入厂中，滤掉藻类，再把干净的水排回太湖。洗藻厂每天能滤出约 4 吨干藻，滤出的藻类经过发酵等处理，可以加工成有机肥用于绿化。

虽然各地采取了很多措施，但许多地区水华爆发的势头并没有被遏制住，反而有愈演愈烈的趋势。追本溯源，这主要是由于人们治理污染手段的进步速度赶不上污染物总量增加的速度。举例来说，原来一个湖泊周围居住了 100 人，平均每个人向水体中排放的污染是 10 个单位，排放总量就是 1000 个单位。这 30 年来，经过污染治理手段的发展和环保意识的不断提高，每个人排放的污染量变成了 5 个单位，可人数却变成了 10000，污染物的总量便不降反升，而且是大幅升高。

在人数不减少的情况下，我们只能寄希望于治理和管理

蓝藻浮坝：防止藻类扩散

洗藻厂：滤出水体中的藻类

人工打捞：清理藻类和其他水生植物

水华的三种治理方式

水平的不断提升，有一天能让每个人的污染排放量降至 0.01 个单位。我们期待水污染治理领域能有新的突破，在未来的某一天，当我们再谈到蓝藻时，首先想到的是它是为地球提供大量氧气的功臣，而不是水华的罪魁祸首。

电子废物与时代的淘金者

新时代的淘金者

在昏暗、隐蔽的小屋里，从高处的小窗户照进来的少许阳光打在一个巨大的石缸上，缸中盛着浑浊的液体，在光线照射下不时冒出缕缕白烟。一个年轻男人扛着塑料箱走进房间，"哗啦"一声将箱中的东西全部倒入缸内，浓厚的白烟和强烈的异味一股脑地发散出来，瞬间充满整个房间。

这是哪里的实验室吗？不，并不是，这是 2000 年前后，广东贵屿的一个电子废物回收小作坊在进行酸洗。

酸洗是将电路板等电子元件倒入强酸（比如王水）之中，溶解各类金属，形成金属离子的酸溶液；再向酸溶液中投加较活泼的金属，置换出化学性质比较不活泼的金属，比如铜、银，以及电路板表面的黄金。通过这个过程，一台电脑的电子元件可以被提炼出 0.2～0.3 克的黄金，10 台左右的手机

110

小作坊中的工人正在进行酸洗

的电子元件提炼出的黄金就可以打造出一条金项链。这个炼
金率远远超出世界上任何一座自然金矿，同时酸洗还能出产
铜、银、钯等贵金属。

这座出产率超高的"电子金矿"非常巨大。联合国数据
显示，2021年全球产生的电子垃圾超过5700万吨。粗略估

计，人们可以从这些垃圾中提炼出 250 万千克的黄金。

如同历史上每次发现新的金矿就会引发一波淘金热一样，电子废物这个巨大的金矿也招来了一批淘金者。贵屿就是电子废物时代的一个"淘金小镇"，来自全国甚至世界各地的手机、电脑、电视机等电子产品在此被拆解、烘烤、置换，变成金灿灿的贵金属块。

同历史上缺乏统一组织的淘金热过后都会留下一地狼藉一样，小作坊式地提炼电子废物中的黄金，也会留下大量的污染和无数人身上的"淘金病"。

伴金而生的污染

说起开采金矿造成的污染，人们首先想到的应该是水污染。传统的金矿会用氢氰酸溶解岩石，而电子废物则需要用王水溶解所有金属，这一过程产生的废酸液不论是直接倒在水体里还是土地上，都足以对受纳水体或土壤造成毁灭性的破坏。此外，传统金矿采掘出的大量含硫矿石暴露在露天场地之中，在气候、水、微生物的共同作用之下，含硫矿石逐渐溶解在水中，产生酸性废水。这种废水的产生量极大，除了生产过程中用到的水，自然降水落到矿山范围内，也会变成酸性废水。酸性废水的产生时间可以持续很久，在露天含硫矿石被溶解完之前，哪怕是矿山"退役"之后的几十年里，酸性废水都不会停止排放。"电子金矿"不会有这种废水产生，这是它除了极高的产出率以外，另一个远胜于传统矿山的优势。

但谈及废气，"电子金矿"产生的危害就大多了。电脑、手机的外壳大多都是塑料的，外壳内部的主板、芯片也都是以塑料为底板的。淘金者们想要的少量贵金属镶嵌在了大量低价的塑料之上。于是，为了用最简单的方法回收最多有价值的东西，小作坊里的淘金者们多是将塑料放在火炉上或用热风枪进行烘烤，让塑料变软，以便取下上面的电子元件。而烘烤塑料会造成什么问题呢？低温燃烧含氯有机物，如常见的塑料聚氯乙烯，可能产生"世纪之毒"二噁英。

如果说此时产生的空气污染量还不大，那么当提取完贵金属之后，淘金者们对剩下的电子废物空壳所采取的处理方式则是对环境彻底的破坏：大部分塑料外壳被直接焚烧，还有一些则被直接填埋。这两种方式都会对环境造成极大污染，前者是即时的，后者是长期的。

人们最初提倡电子废物回收的初衷正是减少固体废物的产生量和填埋量。现今，城市居民淘汰电子制品的速度非常

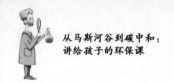

从马斯河谷到碳中和：
讲给孩子的环保课

快，而大多数电子制品并不是因为严重损坏或年限到了，而是因为"部分零件损坏""过时""硬件无法跟上软件的更新"等原因被丢弃。这些过时的电子产品只要稍加整修就可以被重新利用。然而这件看起来非常符合循环经济、利国利民的好事在全国乃至全世界推行得都不太顺利。一方面，这是因为许多人不愿意将存有个人信息的电脑、手机等电子产品交给回收者；另一方面，对企业来说，建立回收途径，并用环保、守法的方式来对电子废物进行回收，成本非常昂贵。

那么，环保、守法的回收方式是怎样的，又比小作坊的回收方式贵多少呢？

正规的回收流程

以手机为例，简略地说，一个正规企业的回收流程是这样的：首先要从顾客手中收回废弃的手机，然后集中起来运到分拣中心，分拣中心的工作人员根据损坏程度对手机进行分类。一些修一下还能再用的手机就会交给维修人员进行修理翻新，并非常彻底地清空其内存，最后让翻新机重新流入市场，或低价卖给内部工作人员。然而大部分顾客在从原厂购买手机时都不希望买到二手翻新机，所以这些"官方翻新机"的销售情况并不好。

修不好的手机就会进入拆解流程。可拆卸的部件被拆开以后，剩下的主板、芯片等，或是由专业工人手工拆解，或是利用破碎和分选设备进行机械分拣。这两种方式，要么需要高额的人力成本，要么需要专业的机械设备。有价值的金属部件被分拣出来之后，回收者也会用酸洗等化学方法提炼出贵金属，但用过的强酸等化学试剂必须委托专业的危险废物处理和处置公司，以每吨几千元的价格进行处置。剩下的塑料部件，也会进行部分回收。最终的低价值剩余物，则需要作为工业固体废物进行焚烧或填埋处理。这些成本，即便是以提炼出的金、银、铂、锑等贵金属的价值来填补也未必能做到收支平衡。

回收成本中还有很重要的一部分是工人的职业安全和职业健康支出，一些在特殊环境下工作的工人，如果得不到有效的外部防护，就会在长期的工作中患上职业病，比如淘金病。淘金病向来是淘金热的后遗症之一，在河水中淘金沙的淘金者经常患有关节炎和风湿病，用爆破、粉碎等手段在矿山中开采黄金的人则会因为长期吸入细颗粒物而患上矽肺病。矽肺病是尘肺病的一种，是指细颗粒物进入肺部，导致肺纤维化等症状，使肺功能降低且无法恢复。开采到矿石之后，

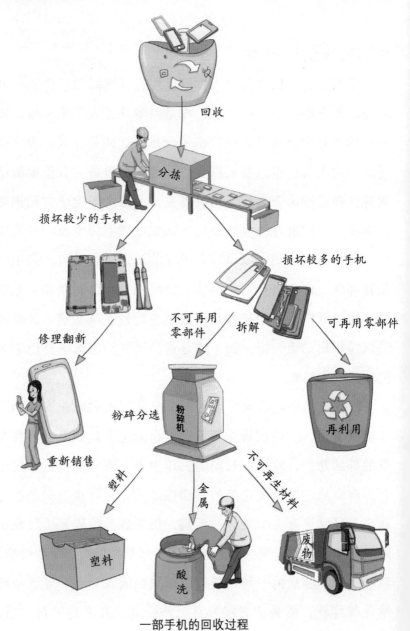

回收

分拣

损坏较少的手机

损坏较多的手机

不可再用零部件

拆解

可再用零部件

修理翻新

粉碎分选

粉碎机

再利用

重新销售

塑料

金属

不可再生材料

塑料

酸洗

废物

一部手机的回收过程

人们过去通常会用一种叫作混汞的方法将黄金从沙土中提取出来。汞会溶解其他金属形成"汞齐",利用汞的挥发性,高温蒸发掉汞,就会得到包含黄金在内的金属矿物固体。在这个过程中,提纯工人常常因为吸入汞蒸气而患上水俣病。

开采"电子金矿"的小作坊工人尽管没有患风湿病或矽肺病的危险,但所处的环境也绝对不是什么安全健康的工作场所。低温烘烤和焚烧塑料的过程会产生二噁英等有毒气体,长期吸入这些气体会导致工人患上癌症。二噁英还是一种非常顽强的持久性有机污染物,也就是说,不仅是工人,所有工作或生活在回收场所周围的人都会有持续摄入二噁英的风险。即便有幸逃过癌症的侵袭,还有另一种不那么明显但同样严重的伤害在等着他们:长期低剂量地摄入二噁英这类污染物会伤害他们的生殖系统,使他们无法繁衍后代。

现在,随着回收再利用的理念越来越深入人心,人们会主动采取更环保的手段来处理废弃的电子产品。例如,一些闲置的电器会在亲朋好友间流转;各类二手交易平台上,智能设备和家电的交易也相当火爆。对于那些还没到报废标准的被淘汰的电子产品,大家可以尝试上述两种途径。如果一个电子产品确实无法再用,就可以考虑联系回收商了。联系回收商时,建议首先考虑原厂回收,其次考虑卖场回收,很

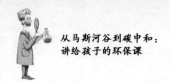

多卖场有"以旧换新"的活动，最后再考虑社会回收。同时，在综合考虑使用需求和经济条件的情况下，大家可以适当购买二手电子产品。这样的做法能够延长电子产品的生命，为电子垃圾的减量化做出一些小贡献。

垃圾的填埋与焚烧

垃圾去哪儿了

不知你有没有考虑过这样的问题：我们每天都要扔很多垃圾，那些垃圾都去哪儿了？被如何处理了？处理得完吗？如果处理不完怎么办？这一章我们来追随一袋垃圾的"足迹"，看看它离家之后会踏上怎样的旅程。

首先，假设跟踪的目标是一袋普通垃圾，它现在正躺在小区的一个垃圾箱里。第二天清晨，这袋垃圾和同一个垃圾箱里的其他垃圾一起被倒进了一辆小型垃圾清运车。

垃圾清运车走过许多个小区，很快被装满了，便开进这个社区的垃圾转运站。

在转运站中，垃圾首先会被分类分拣。在这一阶段，可回收和不可回收两类垃圾被分开。金属、玻璃等有回收价值的垃圾会被分拣出来交给回收机构。有机和无机垃圾也会在

收集和转运时被分开，一些容易降解的垃圾会被送到堆肥厂生产有机肥。此时分开的主要是厨余垃圾和其他垃圾。

最后剩下的垃圾会被超强的压力挤压、脱水，缩小体积，然后被放进垃圾转运箱中。在转运站里，一开始关注的那袋垃圾的袋子已经被挤破了，垃圾们变得"不分你我"。

尽管一大袋垃圾已经被挤压成原来的三分之一大小左右，但不到一小时，巨大的垃圾转运箱也被塞满了。转运箱是一个外壁很厚的金属箱，为了避免垃圾中的液体泄漏，其密闭性能必须非常好。转运箱封闭之后，一辆载重更大的大型垃圾转运车会来到转运站，将转运箱拉到最终垃圾处理地。假设这袋垃圾到达的最终处理地是卫生填埋场。卫生填埋场一般是一个天然的低地或山谷，远离水源、人类生活区域、保护区、文化古迹等地，面积一般为几百万平方米。上海老港垃圾填埋场是目前中国最大的生活垃圾填埋场，占地面积达300多万平方米。

进入填埋场，垃圾会被运到填埋的大坑里铺平、压实。自此，最初的那袋垃圾就算在"新家"定居了。但填埋场的工作并不是就到此结束。当这一层垃圾厚到一定程度之后，需要针对寄生虫、虫卵等进行一次灭虫，并在其上面覆盖一层土，这样一来，土壤中的微生物就会进入垃圾之中，对垃坡进行分解。厌氧分解的过程会产生沼气，也就是甲烷、硫化氢等有机气体。为了避免它们污染空气以及产生爆炸风险，垃圾填埋场会建一个废气收集装置，将沼气集中收集起来并点燃。所以，在正在运营的垃圾填埋场常会见到长明不熄的"火炬"，这是燃烧沼气并将其充分氧化为水、二氧化碳等物质的装置。

废气处理还不是填埋场最棘手的问题，废水处理才是填埋场最大的战场。垃圾被土壤微生物分解的过程是非常复杂的，这一过程就像一个黑箱，谁也不清楚中间会产生什么有害物质。这些物质被雨水、垃圾中的水和垃圾分解产生的水所溶解，变成一种非常难处理的有机废水——垃圾渗滤液。垃圾渗滤液污染物浓度高、成分复杂、气味恶臭，如果让这种废水渗入地下水，或者随着雨水流入周围的土地、水体，将会造成非常严重的土壤污染或水污染。

举例来说，垃圾渗滤液中的化学需氧量的浓度可达3万毫克/升，而中国的《地表水环境质量标准》规定化学需氧量超过40毫克/升就是劣V类水了。1升垃圾渗滤液可以让近1吨纯净水变成劣V类水。为了避免这种情况发生，垃圾填埋场在建设之初就要在场地及其四周进行防渗处理。

当一个填埋场被彻底填满之后，它就要"退休"了，这

一袋垃圾的"旅程"

垃圾分类投放

垃圾收集车

焚烧厂:处理
其他垃圾

填埋厂火炬:
处理发酵沼气

废气装置

填埋场:处
其他垃圾

垃圾中转站

垃圾转运

堆肥厂：处理厨余垃圾

回收厂：处理可回收垃圾

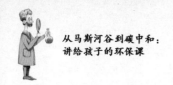

个过程一般被称为"封场"。封场之后，防渗、气体收集与处理、渗滤液处理以及相关的监测工作不会停止，防渗工作甚至需要加强。通常，工作人员会在填埋场上方加盖一层防水层，防止雨水进入垃圾内，减少渗滤液的排放。同时，人们也会开始进行生态修复工作。根据填埋场的大小和恢复情况，经过5～10年的监测和观察，如果情况稳定，填埋场会被重新利用，建成绿地或公园。如果要作为农用地或住宅建设用地，则需经过更久的时间，当所有测试都达到相应用途的标准以后才能复垦或开发。

另一条路径

关于垃圾填埋的旅程到此就结束了，现在，我们把时间倒回至离开垃圾分拣站的瞬间，如果这时候，那袋垃圾上了一辆开往垃圾焚烧站的车，会发生什么呢？

首先，垃圾会被转运车卸入焚烧厂的暂存坑。这个坑里的垃圾会被搅拌、进行简单的发酵并沥掉一些水分，以改善垃圾的质量，让它们变得更容易燃烧。几天之后，会有一个大机械吊臂（垃圾起重机）按照一定的频率从垃圾坑里"抓"起经过发酵的垃圾放入焚烧炉。

焚烧炉是垃圾焚烧厂的核心设备，不同厂家的焚烧炉各有区别，但基本上都带有余热干燥、鼓风、垃圾循环移动等功能设计。各个焚烧炉的厂家"各显神通"，对炉体做出各种各样的改进，其目的只有一个：提升垃圾的燃烧效率，花费最少的资源，让焚烧炉内的温度能够稳定地达到850℃以上。

为什么是850℃呢？垃圾焚烧厂并不受公众的欢迎，主要原因是垃圾焚烧可能会产生对人体有害的废气，比如致癌物二噁英。但二噁英还可以被进一步氧化，当温度超过850℃时，二噁英在数秒之内进一步分解为水、二氧化碳、氯化氢等最终氧化产物，再配合废气处理设施，我们就可以实现废气的安全排放。

经过焚烧之后，垃圾的产物会变成两部分：一部分是废气，进入焚烧厂的废气处理系统；还有一部分是灰渣，也就是烧完剩下的固体废物，这些灰渣可以作为沥青、水泥等建筑材料的原料回收使用，也可以送去填埋场做填埋处理。垃圾焚烧还会产生大量的热能，一部分热量会被焚烧厂直接回用于垃圾的干燥处理，剩下的多会用于发电、供暖。

除了上述提到的普通垃圾，还有一些特殊垃圾也需要通过高温焚烧的方式进行处理，那就是危险废物。危险废物的种类很多，比如我们在家里做垃圾分类时分出的有害垃圾、

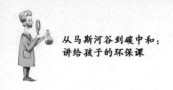
工业生产用到的危险物质和医疗废物等。医院产生的大量口罩、防护服、患者接触到的医疗用具等，很多都是通过焚烧方式处理的。

垃圾围城

填埋和焚烧是中国处理城镇生活垃圾的两大方式，其中填埋占 60% 以上，焚烧占 35% 左右，剩下大约 2% 通过堆肥等方式处理。至此已可以回答垃圾"去哪儿了"和"怎么处理"这两个问题。至于第三个问题"垃圾处理得完吗"，很遗憾，目前不仅处理不完，而且形势相当严峻。由于城镇垃圾产生量仍在增加，目前国内大部分垃圾填埋场都被"延迟退休"了，许多填埋场已经不是谷地，而是高出地表几十米的小山。当然，为了防止积水，封场时的垃圾填埋场本身就应该是小山。填埋场的"超期服役"也给最初设计的防渗设备和废气收集、处理系统造成压力。

为了解决"处理不完"这个问题，中国参考发达国家的经验，提出了增加焚烧比例的方案。填埋垃圾需要几年甚至几十年才能消解掉垃圾体积的 60% 左右，而焚烧只需要几天甚至几小时就可以减少垃圾体积的 80% 以上，能有效缓解填

埋场的压力。

除了提高垃圾处理效率，我们还有另一种思路，那就是减少垃圾的产生量。减少垃圾排放一般遵循减量化、再利用、再循环原则。第一层级是减量化，"少扔垃圾""避免过度包装""光盘行动"等都可以视为垃圾减量化的手段。第二层级是再利用，就是把准备当垃圾扔掉的东西重复利用起来，比如包装盒用于收纳、旧衣物捐赠给需要的人等，都是再利用的手段。第三层级是再循环，已经无法再利用的东西，通过回收再造可以重新作为生产原材料投入生产过程，废纸、废塑料的回收就属于再循环。开展再利用和再循环，都需要大家做好垃圾分类。

最后，还有一个不太被关注但是非常重要的方面，那就是垃圾的集中收集。不论我们的垃圾处理程序做得多么完善，如果一开始垃圾没有被扔进垃圾桶，那就没有任何意义。比起进入了处理程序的垃圾，散乱在环境中的垃圾更容易带来危害。把垃圾投入正确的垃圾桶，正是提高垃圾处理效率的第一步。

城市热岛效应

城市太热了

城市的出现是人类历史发展的重要里程碑之一。人口、公共设施和产业的聚集让一切都变得便利。大约在公元前1世纪，罗马的人口超过了100万，成为当时欧洲大陆上最大的城市。同一时期中国西汉的首都长安的人口只有不到10万。后来，因为迁都等一系列因素，罗马人口锐减。到了8世纪时，巴格达因为繁荣的贸易往来，也成为人口超过百万的大型城市。此时正是中国历史上非常辉煌的唐朝，长安城所在的京兆府行政区内的人口接近200万。到了清朝，北京的人口也曾一度超过百万，这种情况一直持续到辛亥革命爆发，清王朝被推翻。

第一次工业革命之后，西方城市的人口增长迅速。工业革命的发源地伦敦在19世纪成为世界上最大的城市，在20

世纪初期，伦敦的人口已达将近 500 万。同一时期，一个新词——Megacity（大城市）出现了，用来代指人口超过 800 万的大城市。

20 世纪中期，美国崛起，纽约成了第一个也是当时世界上唯一一个人口超过千万的城市。东京则是亚洲的第一个大城市，并在 2000 年前后超过纽约，成为世界上最大的城市。在此期间，大城市的词义也发生了变化，由人口超过 800 万的城市变成了人口超过 1000 万的城市的代名词。此后，千万人口的城市越来越多，到 2017 年，全世界大城市数量达到 47 个，其中中国占了 15 个。中国也有一个超大城市的定义，指的是常住人口超过 1000 万的城市。

随着超大城市不断发展壮大，我们的城市也越来越"热"了。这种热并不仅仅是心理上的感觉，而是现实存在的，因为超大城市产生了明显的"热岛效应"。

"城市热岛"并不是一个新词，早在 1810 年就已被提出，它指的是这样一种现象：城市的温度会明显、持续地高于它周围的郊区。这种现象让城市在显示温度的地图中明显高出四周，看起来很像一座孤岛，因此被命名为城市热岛效应。最初，城市的夜间温度比周围大概高 1～2℃，现在，城市和乡村的年均温差在 1℃左右，在冬季夜间，城市中心的温度甚

至会比郊区高 12℃。

当看到"城市中心的温度甚至会比郊区高 12℃"时，有些人可能会认为"这个热岛效应在冬天应该很受欢迎"。理论上本应如此，然而可惜的是，温度的变化并不是一个孤立的现象，它与气压、风、降水、云等许多气候现象都有关。从结论来看，在冬天，城市热岛和它带来的局部气候变化一起造成了一种令人非常讨厌的天气现象——连日不散的雾霾。

城市热岛与雾霾

城市热岛效应并不直接产生雾霾，它只是雾霾的"搬运工"和"看守者"。城市中的污染物聚集到足以形成雾霾的浓度时，城市热岛"关住"这些污染物，使其不向周边扩散，还可能将一些郊区的污染物带进城市中心，这种"令人窒息"的操作源于城市热岛效应造成的特殊环流"城市热岛环流"。由于地面温度高，靠近地表的空气和空气中的污染物被加热后逐渐上升，在上升过程中温度下降。当碰到上空中被太阳辐射加热过的空气后，地表空气和污染物便会停止上升，稳定地笼罩在城市的上空。这就是城市逆温。

当逆温结束，城市上空的空气和污染物开始沉降。由

于城市上空稍低的位置仍然保持着高温和上升气流，所以城市上空的污染物会降至近郊区。此时环流仍然没有结束，城市近地面的空气温度高又不断上升，形成了一个低压中心，郊区近地面的空气会缓慢地流向城市，扩散到郊区的污染物就回来了，有时候还会带回郊区近地面产生的汽车尾气等污染物。

高处热空气和污染物向郊区沉降

被加热的空气和污染物上升

由郊区流向城市

由郊区流向城市

低处冷空气伴随着污染物向市区流动

城市热岛环流示意图

城市热岛环流就像一个无形的盖子，将城市本身产生的污染物"关在"城市里。在雾霾很严重并且已经持续一段时间的时候，如果我们从城市上空看，有时候甚至能看出这个"盖子"的形状。当"盖子"形成之后，如果没有外来的气流帮忙，雾霾就很难散去。更糟糕的是，"盖子"中的人类并不会停止制造污染，所以其中积累的污染物会越来越多。也就是说，在出现一阵帮我们吹散"盖子"的大风之前，城市里的雾霾只会越来越严重。

除了加剧大气污染，城市热岛效应还会产生水污染，这种水污染是人们平时提得较少的一种高温污染。城市热岛效应会给城市中的水体"加热"，导致城市内和从城市流出的水的温度比较高。养过鱼的人可能知道，许多水生动物对水温的变化非常敏感，热带鱼甚至会因为细微的水温变化而死去。就算生命没有受到威胁，水生动物的种群也会发生各种各样的变化，比如性别比例的改变。许多爬行动物以及鱼类的性别并不完全由基因决定，还和环境温度有关，例如欧洲鲈鱼在高温时会全部发育为雄鱼，比目鱼的雌鱼在高温下则会转化发育成雄鱼。所以，城市产生的高温水有可能使城市内和城市周围的水生生物群落性别比例失衡，进而使生物缓慢地消亡。

导致城市热岛效应的因素

了解到城市热岛效应会造成这么多问题之后，人们自然开始思考如何解决它。想要解决，就要先了解它的成因。研究认为，城市下垫面的性质、缺乏蒸发、能源的集中使用、城市的特殊地貌和空气污染，都是导致城市热岛效应的因素。其中，城市下垫面的性质是绝对的主要因素。下垫面指与大气下层直接接触的地球表面，包括陆地、海洋、湿地、沙漠、不同植被区等。另外，缺少蒸发的影响也很大，其他几项因素则在不同城市发挥不同的作用，很难说哪个更主要一些。

那么造成城市热岛效应的"主犯"——城市下垫面的性质指的是什么呢？城市的地面、屋顶材料与天然地面不同，它们多是由水泥、沥青、玻璃、金属等材料铺设的。这些材料的三个性质影响着城市的温度。

第一个性质是材料的颜色。沥青的深色表面非常容易吸收能量，在晴朗的夏天，马路表面的温度甚至能达到60℃以上。

第二个性质是材料的热性质。水泥、沥青的比热容（物体升高1℃所需的能量）在1焦耳每千克开尔文左右，水的比热容则高达4.2焦耳每千克开尔文。天然泥土中一般都含有

水分，根据含水量不同，天然泥土的比热容在 2～6 焦耳每千克开尔文不等，一般都高于水泥和沥青，所以在吸收等量辐射的情况下，水泥、沥青的温度升高得更多。另一种相关的热性质是热传导率。与天然泥土相比，水泥、沥青的热传导能力更差，热量更容易积累在地表，对空气的加温效果也就更明显。

第三个性质是材料表面辐射和反射的能力。水泥等表面对辐射的反射能力比天然泥土差，所以更容易蓄热。

这三种性质导致城市的地表乃至其低层大气的温度会显著高于郊区。

排名第二的因素缺少蒸发与城市下垫面性质是紧密相关的。水泥、沥青等材料中基本不存水，因此蒸发量很小，蒸发过程也会相对短暂。而蒸发本身是一个吸热过程，降温效果非常明显。缺少蒸发会让城市地面难以降温，从而导致城市热岛效应。

能源的使用这个影响因素非常好理解。人们打开电脑、电视机等耗能产品后能明显感觉到这些产品在散热，这就是能源使用造成的升温。而城市地貌与城市热岛的关系可能稍显隐蔽。城市中的高楼会影响风的流向，使风无法稳定地吹向固定方向，导致热量和污染物难以扩散。另外，空气污染和城市热岛则是一对构成恶性循环的"好伙伴"。空气污染会让城市更热，而城市热岛则会让空气污染更严重。空气污染严重时，城市空气中的温室气体浓度升高而导致小范围的温室效应；雾霾形成时，空气中的气溶胶会起到保温作用，使地表热量难以扩散，从而导致温度升高。不过，气溶胶的保温作用是双向的，保持地表热量的同时也会削弱太阳辐射给地面带来的升温效果，所以偶尔在晴朗的白天，雾霾下的城市会成为"冷岛"。

　　针对城市热岛效应的成因，人们做出许多努力来改善城市下垫面的性质。如果注意观察，你会发现近些年越来越多的路边人行道、公园步道在雨后很少积水。这是因为现在城市地面推广使用透水材料铺设，这类材料可以让降水渗入下层土壤，提升城市下垫面整体的含水量，从而调节地面温度。城市公园、绿地的增加，也可以改善城市热岛的状况。

保护地球

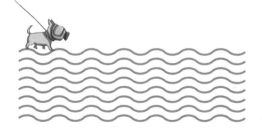

城市绿化中的点、线、面

绿化中的"面"

环境保护经常被认为是一件"给人添麻烦"的工作：它经常要求人们过朴素、原始的生活，还需要为这种生活花费更多的时间、精力和金钱。但在这类工作里，仍有一件能令人身心愉悦的事情，那就是绿化，即种花、种草、种树。

花、草、树种在一起组成的公园及绿地等形成了城市绿化中的"面"。"面"是城市绿化中最主要的形式，它的环境和生态效应也是最显著的。一片设计完善的绿地有很多功能，它可以调节局部气候、减少扬尘、为野生动物提供生境，而且还能让人开心——是的，让人开心是城市绿地的主要功能之一。

植物及其土壤可以改善城市下垫面的热性质，因此城市绿化可以有效缓解城市热岛效应、调节局部气候。首先，植

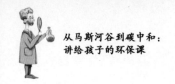

物能够反射更多阳光。其次，由于植物含水量高，温度升高1℃所需的热量也比沥青、水泥、柏油路等硬质地面高。再次，植物还会"吃"阳光。人类生活的能量来自食物中摄入的糖分，而植物则主要依靠吸收太阳辐射，也就是"光合作用"来产生能量。根据植物种类、光照等因素的不同，照射到植株上的阳光有 0.1%～5% 会被其吸收。

我们可以用数字对比来说明改善下垫面的热性质对地表和空气温度产生的影响。假设一块空地受到的太阳辐射总量是 100 份，现将这块空地表面全部铺上沥青，不做任何绿化，100 份太阳能可能只有 10 份被反射，其余 90 份被吸收转化成热能给沥青地面加热。假设沥青地面的温度升高 1℃ 需要的能量是 15 份，那么下垫面的温度则会升高 6℃。而如果在沥青地面上铺种早熟禾草皮，那可能有 20 份太阳能被早熟禾的叶片反射，1 份被植物吸收转化成化学能，还剩下 79 份太阳能给地面和草皮混合体加热，而这个混合体升温 1℃ 需要的热量是 25 份，所以下垫面的温度只会升高 3.16℃。

植物也可以促进蒸发。植物的根系能提高土壤的保水能力，使下垫面可蒸发的水分增加。同时，植物体内本身也含有大量的水分，它们通过蒸腾作用从顶端叶片蒸发水分，将根系吸收的营养物质向上传输。

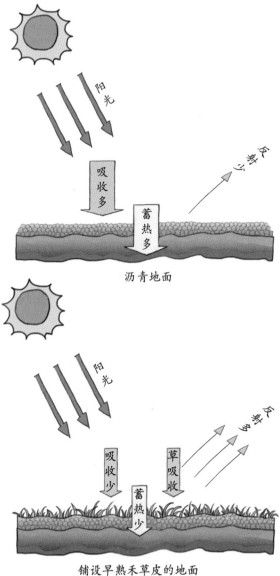

不同地面的太阳辐射反射率对比示意图

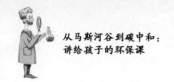

　　基于以上这些原因，绿地相较于周围环境温度更低、湿度更高，降温增湿的能力与绿地面积和种植的植物种类有关。在大规模绿地中，气温甚至能比周边平均温度低 3~5℃，湿度高 20% 左右。

　　绿地减少扬尘的作用是通过两个方面实现的。一方面，植物的根系和覆盖地表的部分会固定住地表土，让它们不容易被吹飞。另一方面，植物表面粗糙，有一些还有黏性分泌物，因此它们能够在降低风速的同时"截留"被风吹过来的尘土，加速已经被吹起的尘土沉降。以北方常见的隔离带树种大叶黄杨为例，每株可以吸附 1 千克左右的扬尘，如果把一棵大叶黄杨上面吸附的尘土瞬间剥离，可以让周围 50 万立方米空气中粒径在 10 微米以下的颗粒物爆表。

　　绿地中的土地、树丛、水这些贴近自然的环境，让与人类不那么亲近的动物们也可以在其中生存。一般来说，绿地的面积越大，其中的野生动物个头就越大。常见的城市绿地中一般有松鼠、刺猬、猫头鹰等野生动物。在更大的城市公园里，比如林区，有可能会出现野猪，不过这种公园一般是依托自然植被建设的，超出了我们所讨论的城市绿化的范围。

绿化中的"线"

除了"面",城市绿化中还有很多种"线"。路边的一排行道树是"线";从高空俯瞰,城市边缘的防风固沙林是一条"线";城市绿道也是"线"的一种。在这里,我们着重探讨的是野生动物廊道,它是广义绿道中的一种,不只可以让人行走,也供动物通行。

北京北五环中轴线的位置有一座种满了树的桥。这座桥长 200 多米,宽 60~100 米不等,两端连接着奥林匹克森林公园的南北两园。这座绿化良好的"过街天桥"就是中国建设的第一条城市森林公园的野生动物廊道——奥林匹克森林公园生态廊道。

建设生态廊道是"为野生动物提供生境"的重要组成部分。许多野生动物群内个体数量虽然少,但它们却需要非常大的活动范围,比如由四五只狮子组成的狮群需要的领地大小可能有几十平方千米,如果栖息地的面积比这个小,狮群就会从这片栖息地迁走,或者消亡。如果我们希望一片绿地中的野生动物品种更多、体形更大,那么这片绿地的面积就应该尽可能大。

奥林匹克森林公园的南园面积为 3.8 平方千米,北园为

奥林匹克森林公园生态廊道

3平方千米，如果没有这条生态廊道，野生动物就没法穿过北京的五环路，南北两园则只是分布在五环两侧毫不相关的两块栖息地。有了生态廊道之后，南北两园的栖息地就连在了一起，动物们的活动范围直接扩大到6.8平方千米，生活质量大幅提升，促使更多需要大活动范围的动物在公园落户，增加了公园里的物种多样性和生态稳定性。

　　天桥、道路、地下通道、水道都可以成为野生动物廊道，但必须满足一定的条件。首先，廊道的两端必须是动物的栖息地。其次，大部分野生动物对人类活动的声、光、震动、异味和物体的快速移动都非常敏感，因此廊道需要大量的植被隔离人类活动。最后，廊道还需要模拟野生动物的自然生存环境，让它们能够自然而然地走进去。

绿化中的"点"

　　最后要说的是城市绿化中的"点"。绿化中可以称之为"点"的地方数不胜数，我们这里探讨的是绿化中最小的"点"——一棵树、一种花。有些人可能会觉察到，近年来的城市绿化越来越美观了，这背后凝聚了许多植物学家、设计师、园林工人的心血。

　　并不是所有的植物都适合做城市绿化。稍微年长一些的人可能会记得一种名为"泡桐"的树，它在20世纪90年代前是常见的行道树。泡桐树长得又高又快，树冠也很大，春天时紫色的花朵开满整树，气味香甜，是早春一道亮丽的风景线。这种树在如今的城市绿化中已经很少使用了。因为泡桐树的根系比较浅，树干中空隙也多，木质疏松，遇到强风天气容易被刮倒，也容易折断。2020年，西安就发生了一起泡桐树突然翻倒，压塌一家商店和一条高压线的事故。从安全角度考虑，泡桐树就渐渐退出了城市绿化的行列。

　　那么适合做城市绿化的植物是什么样的呢？一般来说，这类植物应该具备以下几个特点：长得快、安全性高、适应当地气候、耐病虫害、美观。

　　在20世纪，人们经常为了绿化而引进一些外国植物，但这些植物有些并不好养，有些则变成了入侵物种。近年来，随着科学绿化观点的不断发展，人们越来越重视乡土植物的应用。乡土植物是指本地的野生植物，华北地区绿地中越来越常见的二月兰（也叫诸葛菜）就是乡土物种应用的成功案例。在北方，二月兰无须过多维护就会自行生长、繁殖，耐寒耐旱又耐阴，每年早春的盛花期时，蓝紫色的花朵连成花海，映着从树叶间漏下的阳光，形成一道不输油菜花

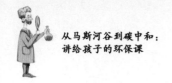
田的美景。

　　除了从现有植物中挑选，植物育种工作者也在不断培育新品种。植物有界、门、纲、目、科、属、种 7 个分类层级，我们比较熟悉的是"科"和"属"这两级，特别是"属"名。比如前文提到的泡桐树，其实是指泡桐科泡桐属植物，而长得快、开紫花的泡桐属植物应该是兰考泡桐或毛泡桐，兰考泡桐就是"种"名。一个科下面的属一般是数得清的，但一个属下面的种很可能成百上千，育种学培育的新品种主要是对"种"这个层面的创新。

　　我们平时可能更熟悉食物的育种，比如袁隆平培育的杂交水稻，吴明珠培育的麒麟瓜，都是有名的食用新品种。在观赏植物领域，也有许多育种学家在孜孜不倦地研究，他们或是追求改善植物的抗性，让某种广受喜爱的园林植物可以种植在更多地方；或是追求更好看的外观，让人们在园林搭配时能有更多选择。比如大家非常熟悉的月季，它是一种不太耐热耐潮湿的植物，高温高湿的时候不开花，易生病，为此许多公司开发了一些耐热抗病的品种，如法国红色龙沙宝石。改变植物外观的例子大家见得就更多了。例如，牡丹以前只有红、白两色，热爱牡丹的中国人从唐朝开始就对其不断育种，到今天牡丹已经有粉、红、紫、黄等多种颜色了。

　　育种工作是漫长而枯燥的。首先要筛选亲本，让其进行杂交；然后等待果实成熟，收获果实；再将收获的果实播种，等待新植株长大……几百上千次尝试也许才能获得一个令自己满意的新品种。当一个新的品种被培育出来或被发现的时候，培育者可以为它申请新品种保护权，也就是植物育种领域的知识产权。这样，培育人的权利就能够得到保障，还可以获取商业利益。所以，从事园林植物育种工作的除了有科研机构和高等院校，也有很多商业公司以及个人。

　　植物既可以改善人的心情，又可以美化环境，是人类的好朋友。如果你觉得寂寞、无聊或房子太空的时候，不妨为自己种一棵植物吧！

如何拯救一只黄胸鹀

帮铁路线选址

今天，我们请你扮演一次环保局的工作人员。你坐在办公室中，来自铁路公司的代表向你提交了一份新建城际铁路的企划书，目的是缓解另一条繁忙的线路的压力。

这条铁路线路很短，线路两边主要是农田，还有一片淡水湿地。在这片湿地中，栖息着很多留鸟和候鸟，其中不乏珍稀品种，比如一种叫作黄胸鹀（wú）的雀鸟。黄胸鹀背部呈黄褐色或黑色，腹部为淡黄色，叫声多变而悦耳，每年夏天在中国东北地区和俄罗斯西伯利亚地区繁殖，在中国东南沿海地区过冬，越冬地就包括这片湿地。

那么，作为环保局的工作人员，你要批准这份铁路建设的企划案吗？

答案当然是"不"。鸟类是一种非常敏感而脆弱的动物，在《寂静的春天》中，作者发现环境问题也是从鸟类大幅度减少开始的。强光、噪声、杀虫剂都有可能成为鸟类的死因。一条铁路上川流不息的列车、不间断的噪音和持续不断的震动，足以吓死或吓跑沿途大部分的鸟类，尤其是没机会习惯这些的越冬鸟类。同时，这条铁路计划修建在湿地正中，尽管铁路本身所占的面积很小，但对生活在其中的动物来说，湿地的面积等于被削减了一半，因为大部分动物不会横穿铁路。与生态廊道正相反，这种动物栖息地被道路分割的情况是栖息地碎片化的一种，是导致生物种群减少、多样性下降的重要原因。

就这样，你用充足的理由否决了铁路公司的这份企划，请他们再做修改。最好的方案当然是让铁路绕道，远远避开黄胸鹀的栖息地。

但由于本市和另一个城市之间有一条河流相隔，如果让铁路绕道，就需要重新修建跨河大桥，这实在不太现实。而且绕道让列车行驶的时间增加了许多，并不能达到最初缓解另一条线路排队压力的目的。经过几个月的研究，铁路公司、工程公司和市政规划的工作人员又来到了你的办公室，提交了一份修改过的企划。

这一次的企划书中，铁路不是直接从湿地上穿过，而是

被修建在高架桥上,并配备隔音罩。这样一来,高架桥下方有足够的空间让动物们穿过,解决了栖息地碎片化的问题。隔音罩也是常用的降低道路噪声的手段,可以有效地阻隔噪声的传播。

看得出来,这次的企划已经比初期企划环保多了。那么,你要批准它吗?

答案仍然是"不"。

你可能觉得铁路公司已经做得很好了,但对珍贵鸟类的栖息地来说,这个方案还不够好。

因为鸟类真的很脆弱,在周围没有其他合适的越冬地的情况下,它们不敢来这片湿地度过冬天,就很可能导致它们死于迁徙过程中。高架桥上的铁路一定程度上解决了地面生物栖息地被分割的问题,但鸟是靠飞行移动的,在湿地里体形大的鸟比较多,低空飞行的情况也多,高架桥上的铁路对它们仍然是很大的骚扰。另外,高架桥上的隔音罩对居民区可能够用,但对保护区来说效果还是差一些。中国对于一般居民区噪声的要求是白天小于55分贝,夜间小于45分贝,高级疗养区的要求是白天小于50分贝,夜间小于40分贝。我们建议对野生动物自然保护区的噪音标准参考高级疗养区的夜间标准来执行,也就是全天都在40分贝以内。这主要是

高架桥方案

横穿地面
方案

地下隧道
方案

环保局工作人员科学评估铁路建设方案

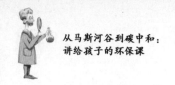

因为许多野生动物的听觉较人类更加灵敏,对刺激性的噪声也非常敏感,隔音罩并不足以解决问题。

就这样,你又退回了铁路公司的企划书,感觉对面的项目经理的头发都愁掉了一把。

又过了几个月,铁路公司给了你第三份企划书,这一次,他们选择在湿地下面挖一条很深的隧道。

这无疑是风险最大、成本最高的施工方案,但也是对环境最友好的方案。足够厚的土地成了最好的屏障,强光、噪声都传导不到地面,震动在可控范围之内,栖息地也不会被分割。施工结束之后,黄胸鹀可以继续平静地生活在湿地中,它们可能很长时间都不会发现,在自己脚下的大地中,成千上万的人正乘坐着"铁皮盒子"穿梭。

最终,这个方案被批准了。几年之后,这条铁路终于通车,而这片湿地仍然是鸟类的乐园,甚至每年都能发现新品种鸟类在此玩耍。列车通车 10 多年之后,当地政府更是将这片湿地发展为保育湿地公园,让它变得更加生机勃勃。

环境影响评价

也许已经有敏感的人对这条城际铁路"解码"成功，它就是 2007 年通车的东铁线香港到深圳的落马洲支线，严格来说它应该算是地铁。而它经过的湿地正是香港最大的淡水湿地"塱原湿地"，也是除了米埔自然保护区之外当地最大的候鸟越冬地。

我们扮演环保局工作人员所进行的评估过程，其实是一个简略的环境影响评价过程。按照中国《环境影响评价法》规定，任何项目在建设之前都需要进行环境影响评价（简称"环评"），项目规模越大，评价的内容就越多，最后进行审批的机构规格也越高。我们前文提到的"企划书"其实并不会被直接交到政府环保机构进行审批。建设单位提出建设方案以后，他们首先要找一个专业的、有资质的第三方环评机构出具一份环评报告，环评机构通过历史数据、监测、建模等手段，预测这个工程在建设过程和运转过程中对大气、地表水、土壤、海洋等生态环境造成的影响。如果评价的结论是会对区域环境造成不良影响，比如珍稀鸟类可能会被吓死，那么这个工程的环评就不会被通过，需要建设单位修改方案，或者干脆取消该项目。

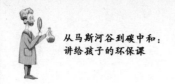

另外，在环评过程中，环评机构还需要征求周边居民等相关人员的意见，并将其写进报告中。当周围群众没有明显反对意见时，环评才能算通过。

这时的"通过"是指第一阶段的通过，也就是环评机构经过科学测算后得出这个项目理论上不会给环境造成不良影响的结论。之后，这份环评报告会被交给政府管理机构，可能是环保局，也可能是环保厅或生态环境部。这时候，政府的环保官员会再一次对环评报告进行评审，看看评价结论是否合理，评价过程是否科学，以及是否有环评机构没有考虑到的因素。

环评机构在将报告交给环保局、环保厅等审批机构之后，还需要与审批机构一起将环评报告放到网上进行公示，这是第二个公众参与的环节。这一次，能提意见的人就不仅限于周边居民，而是所有对这个项目的环保性有所怀疑的人。落马洲支线就是在公开高架桥方案后，收到了几百封来自环保团体、鸟类保护团体的反对信，最终导致方案变更。

平安通过公示期之后，环评审批流程才算结束，工程才能正式开工建设。关于环评还有一个很重要的制度"三同时"，指承诺的环保设施和主体工程同时开工建设、同时验收、同时投入使用。当项目建设结束以后，验收人员需要对其进行验收，检查之前承诺的污染物治理设施和控制措施是

环评验收人员对落马洲支线进行验收监测

否建设完成并已投入使用。对于工厂等工业污染排放源，还需要进行两周左右的试运行和监测，验证污染物的排放强度是否达标以及对周围环境的影响是否和环评中估计的一致。这些全部通过之后，建设项目才能正式投入使用。

　　和此前介绍的各种污染事件和治理工作不同，环境影响评价则是在项目建设之前，也就是污染源开工建设之前来预测它对环境的影响，从源头上对污染源进行控制。这项制度有效地降低了"先污染后治理"带来的环境破坏和治理成本。

　　美国加利福尼亚州在1970年最先对环境影响评价制度提出立法规定，时间处于洛杉矶光化学烟雾事件发生20多年之后、立法禁止使用有机磷农药之前。中国于1979年立法开展环境影响评价。经过50多年的发展，环境影响评价已经成了当代环保体系中非常重要的一部分，开展环评的工作人员必须熟悉法律法规政策、污染物扩散规律、污染治理手段、各类工程的基本流程等知识，还必须取得专业资格证书，也就是"环境影响评价工程师资格证"。

　　到今天为止，环境影响评价工程师资格证还是环境管理领域最难考的资格证书之一。如果有人有意投身环保事业，不如试试以环境评价工程师为目标吧！

微塑料的入侵

小塑料的大危害

1907年7月，美籍比利时科学家列奥·亨德里克·贝克兰提交了一份关于电木酚醛树脂制备方法的专利申请。33年后，因为这项发明，美国杂志《时代》周刊将他称为"塑料工业之父"。此后，许多不同的塑料被发明、制造出来，迅速地进入了各个工业领域，成为人们生活中不可或缺的一部分。

和许多其他人造材料一样，塑料在被发明出来后立刻受到大众的欢迎，成为人类社会发展和进步过程中功不可没的一员。正如1924年《时代》周刊中对塑料的评价："数年后它将出现在现代文明的每一种机械设备里。"塑料还为自然资源保护做出了很多贡献。20世纪30年代，杜邦公司推出了第一种塑料人造纤维——尼龙66，此后，化纤面料大量替代棉面料，降低了人们对棉花的需求，缓解了棉花与粮食、森

林"争地"的情况。

　　然而，在塑料诞生后不到100年的时间里，塑料制品中最为常见的一种——斯滕·古斯塔夫·图林发明的塑料袋，却"荣获"2002年英国报纸《卫报》评出的"人类最糟糕的发明"称号，因为其产量大、应用广且难降解的特点，成为大家熟知的"白色污染"。

　　从白色污染一词诞生到现在，已经过了20多年，在人们尚未找到满意的解决方法的情况下，一种新型的塑料污染又进入了科学家们的视野，那就是微塑料污染。

　　微塑料是非常微小的塑料颗粒，一般长度小于5毫米。有些微塑料可以用肉眼看到，有些则必须通过电子显微镜才能观察到。为什么要将微塑料污染从塑料污染中单独分离出来，作为一种新的污染物呢？因为当塑料颗粒小到这种程度时，它就可以进入食物链，并沿食物链进行生物积累和传递，最终到达人体内。

　　首先引起科学家们注意的是海洋中的微塑料。2004年，英国的海洋生物学家理查德·汤普森的团队在《科学》杂志上发表了名为《迷失在海中：塑料都去了哪儿》的论文，首次提出了"微塑料"这个概念。此后，不断有科学家在海水中、海底、水生生物的体内检测出微塑料。在污染特别严重

的地方，人们打开海边的一个牡蛎，都能从它的壳和消化系统里看到五颜六色的塑料小颗粒。以牡蛎这类软体动物为摄入微塑料的起点，几乎所有类型的海洋动物体内都有微塑料的存在：无脊椎动物如乌贼，哺乳动物如鲸和海豹，还有鱼类和两栖动物等。

停留在生物体内的微塑料与所有能够生物积累的物质一样，一路沿着生物链向着捕食者传递。人类作为许多食物链的终端，体内自然也存在着微塑料。2018 年，菲利普·施沃

微塑料在海洋生物链中的传播示意图

161

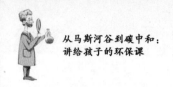
布尔团队挑选了来自世界各地的 8 名志愿者，对他们提供的粪便样本进行了检测，结果在所有样本中都发现了微塑料的存在，证明了微塑料广泛存在于人的消化系统之中。而后，科学家们从人体组织样本、肺部乃至胎盘中都检出微塑料。除了食物链，人类还通过其他渠道直接摄入微塑料，比如塑料瓶装水、食盐等。虽然现在还缺乏微塑料对人体健康影响的研究，但毋庸置疑，微塑料已经入侵了我们的身体。

微塑料从哪里来

经过了无数次的采样、分析和追溯，科学家们将微塑料大致分为两类：初级微塑料和次级微塑料。

初级微塑料指在进入环境之前其尺寸就已经小于或等于 5 毫米的微塑料，这一类塑料主要来自化纤面料的纤维，以及个人护理产品里的塑料微珠。

磨砂膏、去角质的沐浴乳等带有磨砂功能的个人健康护理产品中有一些颗粒状的固体，这些固体是一些直径小于 5 毫米，甚至小于 2 毫米、1 毫米的塑料小圆珠，它们就是塑料微珠。牙膏、牙粉中也会添加塑料微珠，它们是人们"吃"进体内的微塑料的来源之一。塑料微珠确实有很好的清洁效

果，但它们会随着洗脸水、洗澡水流入下水道，凭借着超小的直径"逃过"污水处理站的处理，最终进入自然水体。

次级微塑料是指塑料瓶等较大的塑料垃圾进入环境后经过各种物理、化学或生物过程，最后变成尺寸小于或等于 5毫米的塑料微粒。大块塑料在使用过程中因消耗、磨损等产生的塑料碎屑也算作这一类型，比如橡胶轮胎在道路上行驶时，与道路摩擦产生的碎屑。这些轮胎碎屑会随着雨水流入土地、地表径流，汇入海洋，再随着蒸发和降雨散播到世界各地。

量变引起质变

物质的毒理会随尺寸变化是环境毒理学中常见的现象，比如对于空气中各种各样的漂浮物，我们特别关注可吸入颗粒物（PM_{10}）和细颗粒物（$PM_{2.5}$），就是因为这两种直径的颗粒物分别可以侵入人的呼吸系统和肺部。2006～2011 年，韩国还发生过非常惨痛的加湿器杀菌剂致死事件，也是因为人们忽视了尺寸对毒性的影响。当时韩国某公司推出了一款有效成分为聚六亚甲基胍的加湿器杀菌剂。在以往的安全性评估中，这种物质通过皮肤接触、黏膜接触等试验后，被描

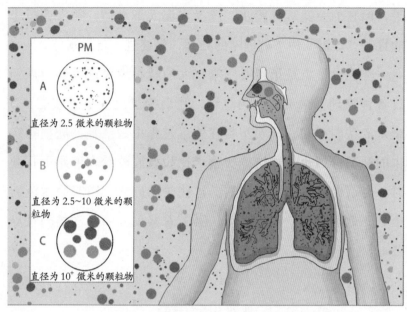

PM$_{10}$ 和 PM$_{2.5}$ 可以分别侵入人的呼吸系统和肺部

述为一种温和、无毒、无刺激性的广谱杀菌剂。但在被加入加湿器后，聚六亚甲基胍被雾化装置打成微米级的小漂浮颗粒，进而被人体吸入，造成严重的肺部损伤。2011 年，这类加湿器杀菌剂逐渐被各国禁用。2016 年，韩国政府披露了对这起事件的调查结果，显示可能有 1.4 万人死于加湿器中的聚六亚甲基胍。

由此可见，当一种物质变小到足以进入生物体内时，它对环境和人类健康的影响就可能发生变化——通常是向着不

好的方向变化，塑料也是如此。微塑料同普通塑料一样，非常难降解，但同时由于它的体积非常小，难以像大块塑料一样被集中收集起来进行回收或焚烧。凭着这些特点，微塑料肆意入侵生物的身体且不能被消化，只能一直囤积在生物的消化系统里，影响生物体摄入并吸收真正的营养物质，进而影响他们的生长发育。

在微塑料之下，科学家们还提出了颗粒更小的纳米塑料。纳米级的尺寸使它们不仅能侵入生物组织，还可以在细胞层面"畅通无阻"。虽然尚没有明确的证据证明纳米塑料会对生物细胞产生毒性，但研究人员普遍认为，理论上纳米塑料很容易成为有毒物质进入人体细胞的载体。

微塑料攻防战

意识到塑料对环境和人类产生的巨大危害后，人们也采取了一系列防治措施。但首先要认清，人类短时间内不可能完全摆脱对塑料的依赖，这就导致了我们很难对次级微塑料从源头上进行管控。基于此，人们首先将矛头对准了以塑料微珠为主的初级微塑料。

2015年，时任美国总统奥巴马签署了《2015禁用塑料

微珠护水法案》。这一法案规定自 2017 年 7 月 1 日起，所有
生产商不得再生产任何含有塑料微珠的淋洗类化妆品；2018
年起，禁止引进和销售该类产品。此后，日本、英国以及欧
盟多个国家和地区都颁布了类似的塑料微珠禁令。2019 年，
中国国家发展和改革委员会发布了《产业结构调整指导目录
（2019 年本）》，将含塑料微珠的产品归入"落后产品"类型，
并规定含塑料微珠的日化用品截止到 2020 年 12 月 31 日禁止
生产，到 2022 年 12 月 31 日禁止销售，这标志着中国也正式
加入了禁用塑料微珠的行列。

　　除了减少微塑料的产生，解决已经存在于环境中的微塑
料也很重要。科学家们对此已经提出了一些研究方向，比如
通过吸附材料对微塑料进行吸附收集，或用生物对微塑料进
行进一步的分解消化。但目前，还没有一种高效、安全、成
本相对可接受的去除方法能实现大规模的微塑料去除。

　　大部分塑料的降解时间需要 200 年以上。如果我们从今
天起，不再让塑料流入环境，那么 200 年后我们就能得到一
个几乎没有塑料的自然环境。所以当你丢弃任何一件塑料垃
圾时，请把它放进合适的垃圾桶。

碳达峰和碳中和

温室效应

新德里降下前所未有的大雪，东京被超大冰雹袭击，洪水淹没纽约市区，随后全球地表气温骤降，自由女神像被冰封在雪原之上……这是 2004 年上映的美国科幻电影《后天》中描绘的灾难景象。电影上映 10 多年后，影片中描述的极端天气现象似乎在逐渐变为现实：新德里的冬季最低气温多次降至 3℃ 以下，阿拉伯沙漠地区出现洪水，欧洲多地持续刷新高温记录，中国漠河地区突破了有气象记载以来的最低气温记录。这一切都是不断增强的温室效应所带来的全球气候变化。

大气中吸收并重新放出红外辐射的自然和人为的气态成分称为"温室气体"，包括二氧化碳、甲烷、氧化亚氮、氢氟碳化物、全氟碳化物、六氟化硫等。来自太阳的热量以短波辐射的形式到达地球外空间，穿越大气层到达地球表面，地

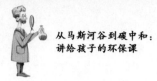

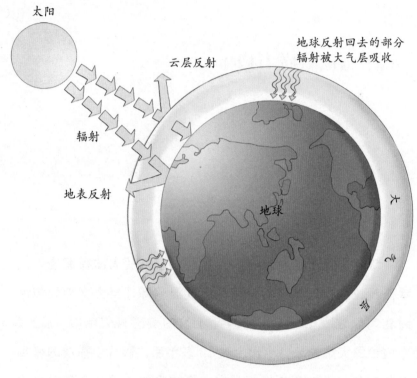

太阳

云层反射

地球反射回去的部分
辐射被大气层吸收

辐射

地表反射

地球

大
气
层

天然的温室效应原理示意图

球表面吸收这些短波辐射热量后升温，升温后的地球表面便
开始向大气释放长波辐射热量，这些长波热量很容易被大气
中的温室气体吸收，使地球表面的大气温度升高，这就是大
气保温效应的基本原理。这种保温效应类似于栽培植物的玻
璃温室，故得名温室效应。

　　天然的温室效应是人类在地球上生存的基础。如果没有

温室效应，地球上的昼夜温差会非常大，平均温度也会降低很多。那么我们赖以生存的温室效应，又是怎么变成一个全球性的重要环境问题的呢？

这要从第一次工业革命说起了。

第一次工业革命之后，由于化石燃料的广泛应用、工业活动的迅速增加和天然森林的砍伐等因素，人类释放了大量的温室气体，造成大气中温室效应日益增强。科学家把这些因人类活动造成大气中二氧化碳浓度增加，进而引起的温室效应称为增强温室效应，与地球上原有的天然温室效应相区别。在过去 50 年中，大气中二氧化碳浓度从工业革命前的 0.028% 升至现在的将近 0.04%。

温室气体浓度的升高导致全球气温的升高。世界气象组织 2018 年发布的信息显示，2018 年全球平均温度比 1981～2010 年的平均值高 0.38℃，较第一次工业革命前高出约 1℃，2011～2020 年是有气象记录以来最温暖的十年。

地球这个巨大的温室拥有太多人类尚不能理解的变化和运行机制，并不像人造温室那样有着可控的环境和单纯的气象条件。于是，这种全球性的缓慢升温最终导致极端天气、自然灾害、生态平衡破坏等一系列现代科学不可预测的气候问题。

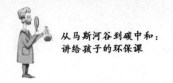
面对越来越严峻的气候变化，人类也不得不开始采取行动。根据 2015 年《巴黎协定》中提出的目标，各国政府承诺将全球平均气温较前工业化时期的上升幅度控制在 2℃ 以内，并努力将温度上升幅度限制在 1.5℃ 以内。研究者们表示，要实现这个目标，我们需要进行"史无前例的大规模低碳转型"。到 21 世纪中叶，人类要实现二氧化碳的"全球净零排放"。全世界必须行动起来，直面挑战，以避免气候灾难的发生。

"双碳"自主减排目标

面对"史无前例的大规模低碳转型"需求，中国在 2020 年底时也提出了一个史无前例的大目标：二氧化碳排放力争于 2030 年前达到峰值，努力争取 2060 年前实现碳中和。

在《全球升温 1.5℃》报告中，碳达峰的定义是：二氧化碳的排放量达到峰值，不再增长，是二氧化碳排放量由增转降的历史拐点。碳中和的定义是：在规定时期内人为二氧化碳移除在全球范围抵消人为二氧化碳排放时，可实现二氧化碳净零排放。二氧化碳净零排放也称碳中和。如果我们给人类活动产生的碳排放量画一条曲线的话，这条曲线上升到顶点，就是碳达峰，下降到 0 的时候，就是碳中和。为什么说

碳达峰、碳中和的目标对中国来说是"史无前例"的呢？因为定义中提到的概念是"二氧化碳排放量"，而非"二氧化碳排放强度"。

当发展中国家提出碳减排承诺时，一般指的是"降低碳排放强度"，也就是降低单位国内生产总值的碳排放量。这样一来，只要发展中国家的经济增速超过碳排放总量的增速，就算是履行承诺了。2009年哥本哈根气候峰会之前，中国也做出了关于碳排放强度的国际承诺："到2020年时，碳排放强度在2005年的水平上减少40%～45%。"这个目标在2016年已基本实现（已减少40%），2018年则顺利完成（减少45%

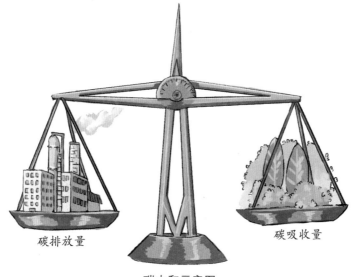

碳排放量　　　　　　　　　　　碳吸收量

碳中和示意图

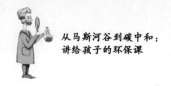
以上）。

而碳达峰和碳中和针对的都是二氧化碳排放总量。碳达峰意味着不管经济增长多少，碳排放的总量都不上升，甚至要开始下降。碳中和就更加严格，意味着不管经济怎么发展，碳排放总量都为净零。

为了实现碳达峰，中国提出了很多具体的碳减排措施，比如调整能源结构、用太阳能等非化石能源替代化石能源、调整产业结构、提升能源利用效率、建设低碳交通运输体系、建设节能低碳建筑等。这些措施的核心思想是在生产、生活的各个方面减少对能源的需求，同时用可再生能源替代化石能源，进而减少因为化石能源燃烧而产生的大量二氧化碳。

然而，就算我们将每一个减排措施做到极致，还是会不可避免地产生一些碳排放。比如，新能源汽车在行驶时不需要燃烧汽油，没有化石能源燃烧的碳排放，但在汽车的生产和报废处理过程中还是会产生一些能源和资源的消耗，进而排放出二氧化碳。那么，碳中和又要如何实现呢？

这就要说到碳汇了。向大气中排放二氧化碳的过程、活动、机制都称为碳源，而与之相对的概念称为碳汇。《联合国气候变化框架公约》对碳汇的定义是从大气中清除温室气体、气溶胶或温室气体前体物（能经过化学反应生成温室气体的有机物）的过程、活动或机制。我们生活中最常见的具有碳汇功能的就是森林。森林中的植物可以通过光合作用，吸收并固定大气中的二氧化碳，将其"锁"在植被与土壤中，从而减少大气中二氧化碳的浓度，我们称之为"林业碳汇"，另外还有海洋碳汇、草地碳汇、耕地碳汇、土壤碳汇等。实现二氧化碳的净零排放不是完全不排放碳，而是需要用碳汇来抵消人类活动产生的碳排放。

不过，虽然所有的森林都有固碳功能，但并不是所有的森林都可以算作实现碳中和的碳库。例如，已经存在很久的森林一直都在发挥其碳汇的作用，属于碳汇的"基准线"，不能用于抵消人类活动产生的新的碳排放。新增的森林也需要遵循碳汇造林技术规程建造才可算作碳汇。

截至2021年，世界上已经有两个国家实现了碳中和，这两个国家是不丹王国和苏里南共和国。不丹王国和中国西藏接壤，位于喜马拉雅山上，国土面积为3.8万平方千米，人口约70万人，气候温和，自然环境优美，森林覆盖率高达72%。在2022年的电影《神奇动物：邓布利多之谜》中，不丹王国被描绘成魔法世界里进行联合选举的神秘之地。苏里南共和国是一个南美洲国家，国土面积为16.4万平方千米，人口只有60万左右，有许多中国广东地区的客家人在那里

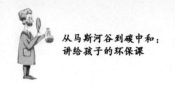

生活。苏里南共和国南北两边分别为热带雨林气候和热带草原气候，森林覆盖率高达92%。这两个国家人口少，工业化水平偏低，森林碳汇资源极其丰富，因此领先世界上其他国家，率先实现了碳中和。不过在世界上的其他地方，碳汇并不是实现碳中和的主要途径。例如，在中国，森林只能吸收约10%的碳排放，因此，目前中国实现碳中和的核心还是依靠人为对碳进行封存的技术。

低碳行动

为了达成"3060"目标，中国已经行动起来了。2020年两会中，全国各地都提出了自己的碳达峰、碳中和行动措施。碳排放重点行业，如电力、钢铁、有色金属、建材等也从各行业的角度，提出了实现双碳目标的路线图。

碳达峰和碳中和一般是以行业、地区、企业为主体来实现的，但在个人生活中，我们仍然可以采取很多行动来减少碳排放。

低碳生活方式其实和我们以前经常说的节能、环保或绿色的生活方式有许多重叠。像随手关灯、夏季空调温度不低于26℃、适度消费、支持资源回收再利用、选择公共交通出

行、做好垃圾分类等，都可以为减少碳排放做出贡献。这些大家已经耳熟能详的低碳小技巧我们就不多做赘述，这里为大家介绍一个关注度相对较低的低碳习惯：低碳消费。

你买东西时是否注意到一些产品上面带有节能环保的小标签，比如空调、冰箱等用能产品上会贴有能效标识，书本、家具等产品上会贴有"环境标志产品"标签，洗衣液、纸巾等产品上有"绿色产品"标签，一些建筑物挂有"绿色建筑""生态建筑"的牌子。除此之外，还有"低碳产品""0碳产品"等。这些节能、低碳、绿色的产品就是各种生产厂家为响应国家"为市场提供更多绿色低碳产品"的号召而研发的。这些产品或是在生产过程中节约能源资源、减少污染，或是在使用过程中降低能耗、释放更少的有害物质，总之，它们在绿色低碳领域有着"一技之长"。

但是和一般产品相比，这些绿色低碳产品可能会有一些不尽如人意的地方。例如，厂家为了开发更低能耗的产品而投入了大量人力、物力，导致新款的节能冰箱比普通冰箱价格高；一种产品的包装因为使用了回收材料制作，不如用新材料加工出来的结实耐用；一款洗涤剂用天然的原材料替代了会导致水污染的化学物质，但却需要增加用量才能把污渍洗净……如果不考虑对环境友好这个因素，这些产品放在市

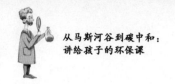

场上可能没有很强的竞争力。

那么，谁能帮助这些绿色低碳的产品在市场上存活下来呢？

答案是我们每一个消费者。我们可以用手中的钱"投票"，表达我们对企业绿色低碳行为的支持。

从 20 世纪 70 年代开始，为了让绿色环保产品能够更好地在市场上推广，德国、日本、美国等国家都开展了"政府绿色采购"行动，要求政府在进行公共采购时，优先购买有环保、低碳属性的产品，以身作则地带领全社会实践绿色低碳消费。2007 年起，中国的政府采购也有了类似的强制性要求。2000 年前后，西方国家又意识到金融行业对环保产业发展的支撑作用，进而提出了绿色金融相关政策，要求银行对项目融资中的环境和社会问题进行调查，并督促借款人采取有效措施来消除或减缓给环境带来的负面影响。后来，许多企业也开始注重绿色采购，在选择供应商时会审核其低碳环保资质。

继政府、金融机构和企业采取行动之后，我们普通消费者也可以开始履行"用钱投票"的权利和义务了。今后，在我们选购产品时，如果尚有余力，可以多考虑这些绿色、低碳、环保的产品，为实现碳达峰、碳中和的目标，缓解全球气候变化贡献一份力量。